紫檀家具鉴藏全书

《紫檀家具鉴藏全书》编委会　编写

北京希望电子出版社
Beijing Hope Electronic Press
www.bhp.com.cn

内 容 简 介

　　本书以独立专题的方式对紫檀家具的起源和发展、收藏与鉴赏的相关基础知识、时代特征、鉴赏要点、收藏技巧、保养知识等进行了详细的介绍。本书内容丰富，图片精美，具有较强的科普性、可读性和实用性。全书共分六章：第一章，认识紫檀木；第二章，紫檀家具的种类；第三章，紫檀家具的鉴别要素；第四章，紫檀家具的价值分析；第五章，紫檀家具的购买技巧；第六章，紫檀家具的保养技巧。本书适合紫檀家具收藏爱好者、拍卖业从业人员阅读和收藏，也是各类图书馆的配备首选。

图书在版编目（CIP）数据

紫檀家具鉴藏全书 /《紫檀家具鉴藏全书》编委会
编写. — 北京：北京希望电子出版社，2023.3
ISBN 978-7-83002-372-0

　　Ⅰ. ①紫⋯ Ⅱ. ①紫⋯ Ⅲ. ①紫檀 – 木家具 – 鉴赏 –
中国②紫檀 – 木家具 – 收藏 – 中国 Ⅳ. ①TS666.2
②G262.5

中国国家版本馆CIP数据核字(2023)第019770号

出版：北京希望电子出版社　　　　　封面：袁　野
地址：北京市海淀区中关村大街22号　编辑：龙景楠
　　　中科大厦A座10层　　　　　　　校对：李小楠
邮编：100190　　　　　　　　　　　开本：710mm×1000mm　1/16
网址：www.bhp.com.cn　　　　　　　印张：14
电话：010-82626270　　　　　　　　字数：259千字
传真：010-62543892　　　　　　　　印刷：河北文盛印刷有限公司
经销：各地新华书店　　　　　　　　版次：2023年3月1版1次印刷

定价：98.00元

编委会

目录

第三章

紫檀家具的鉴别要素

第四章

紫檀家具的价值分析

第五章

紫檀家具的购买技巧

第六章
紫檀家具的保养技巧

第一章

认识紫檀木

一
紫檀木是什么

紫檀，别名青龙木，为豆科紫檀属，是珍贵的红木之一。

"檀"字其意是硬木、坚木；紫檀即紫色的硬木。我国古代关于紫檀的最早记载，出自晋代崔豹的《古今注》："紫㭴木，出扶南而色紫，亦谓紫檀。"

另《太平御览》一书也有关于紫檀的记载："《南夷志》曰，昆仑国，正北去蛮界西洱河八十一日程，出象及青木香、旃檀香、紫檀香、槟榔、琉璃、水精、蠡杯等物。"

△ 紫檀局部枝叶（一）　　△ 紫檀局部枝叶（二）　　△ 紫檀局部枝叶（三）

△ 紫檀局部枝叶（四）　　△ 紫檀局部枝叶（五）　　△ 紫檀局部树干

△ 紫檀枝叶和果实　　　　△ 紫檀果实

紫檀成材极难，一棵紫檀木生长几百年方能使用。"十檀九空"，最大的紫檀木直径也就20厘米左右，珍贵程度可想而知，有"寸檀寸金"之说。加之紫檀呈富贵的紫色，自明代开始，紫檀作为家具原料专供皇家贵族使用。清代，黄梨木基本绝迹，宫廷家具大多使用紫檀木。明清两代，紫檀木逐渐开始建立起其尊贵的地位，直至今日不衰。

广义上的紫檀木有数十种之多，可分为以下三类。

• 小叶紫檀

产自印度，木质极细，易出光泽，为中国清代宫廷家具的主要用材。新剖开的木材有股淡淡的檀香味，久则无味。小叶紫檀细分包括牛毛纹小叶檀、金星小叶檀、檀香紫檀等。

• 大叶紫檀

大叶紫檀按植物学分类，属于黄檀属，学名卢氏黑黄檀。大叶紫檀纹理较粗，颜色为紫褐色，褐纹较宽，脉管纹粗且直，打磨后有明显脉管纹棕眼。

• 花梨紫檀

花梨紫檀棕眼粗大似老花梨，质重色浅，易褪色，质地较其他紫檀粗，不适合做精细雕刻。它用于制作家具的年份较晚，多在晚清后出现。花梨紫檀可细分为越南紫檀、刺猬紫檀、大果紫檀等。

△ 檀香紫檀树干形态

△ 檀香紫檀花果形态

△ 檀香紫檀枝叶形态

二
紫檀木的识别特征

1 | 生态特征

　　紫檀为常绿亚热带乔木，直径约57厘米，高约25米；树皮为深褐色，深裂成长方形的薄片；树干通直，少大枝丫；树枝、树干的树液为深红色；小枝有灰色的柔毛；叶为复叶，3～5片，卵形或椭圆形，长9～15厘米，花呈黄色；果实为圆形，有翼，花期为11～12月，果期为4～5月。

△ 紫檀生境

△ 紫檀树叶形态

2 | 木材特征

　　木材结构：质地细密，密度大于水，入水即刻下沉。

　　心材颜色：新者色红，旧者色紫。檀香紫檀心材的新切面呈鲜红色或橘红色，历时较久后转为紫黑色或紫色，多带有紫黑色或浅色条纹。

　　划痕：紫檀木在纸板或白墙上划过，会留下明显的紫红色划痕。

　　水浸液：檀香紫檀的水浸液呈红色，可作染料。

　　纹理：木材的纹理交错，局部卷曲，呈绞丝状，导管隐隐可见，犹如蟹行泥中的眼点，故有蟹爪纹之称。管孔内细密弯曲，酷似牛毛，故又称牛毛纹。

　　生长轮：年轮纹为绞丝状，不明显，不仔细观察难以看出。

　　气味：锯木时会散发出微香。

三
紫檀木的产地

　　紫檀植物主要生长在热带雨林气候地区，生长环境要求高湿高温、光照充足，土壤中有大量的腐殖土。紫檀有三个分布区：一是东南亚地区，包括越南、老挝、柬埔寨、泰国、缅甸、马来西亚、印度尼西亚、文莱、菲律宾等国家；二是印度；三是我国广西、广东，但数量极少。

四
紫檀木的包浆

　　紫檀器物在长时间使用之后，木材中的油脂会溢出至表面，加之把玩中汗水的摩擦浸润，会产生一种具有光泽的保护层，即包浆。

• 紫檀木包浆的特点

　　◆ 包浆颜色呈艳紫色，类似于玻璃材质，且形成于紫檀的表面。如果紫檀的颜色发乌发黑，则不是包浆，而是藏家对紫檀疏于清理，致使表面生成污物。

　　◆ 包浆的光亮类似于用清漆罩过，但比用清漆抹出的光泽更为深邃，故使得紫檀器物灵光四溢。此即藏家口中的"包浆亮"。

　　◆ 紫檀器物的年代越久，包浆越厚；新的紫檀制品不会有包浆。

• 紫檀器物产生包浆的要领

　　◆ 少用手把玩，尽量多用柔软干净的布料。一定要用手的话，事先将手洗干净。

　　◆ 避免汗水的污染。

　　◆ 紫檀易开裂，故器物应放置在湿度、温度恒定的环境中，避免受日光的暴晒。

▷ **紫檀博古纹多宝格（一对） 清中期**

长113.5厘米，宽44厘米，高222厘米

△ **紫檀雕吉庆有余纹亮格柜（一对） 清代**

长109厘米，深35厘米，高192厘米

△ 紫檀嵌云石文具盒　清中期

长26.5厘米，宽7.5厘米，高8厘米

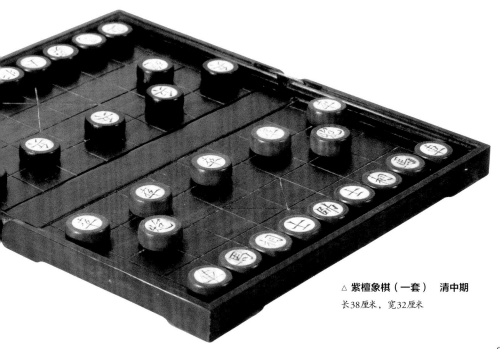

△ 紫檀象棋（一套）　清中期

长38厘米，宽32厘米

△ **紫檀拜盒　清中期**

长34.5厘米，宽17.5厘米，高65厘米

　　此拜盒为紫檀材质，呈长方形，盒盖盒底独板制成，盖、身规格相若，全身光素无工，四角镶如意形铜件，造型典雅，品相完好，包浆沉厚。

◆ 包浆形成需要漫长的时间，藏家一定要有恒心。

紫檀包浆是紫檀本身的油性，经岁月"打磨"油质外泄，与空气中的尘土、人们触摸的汗渍互相融会而成。

有经验的专业人士通过包浆可以判断出紫檀家具的出产年代。

五
紫檀木的用途

1 | 木材用途

　　早在明清时期，紫檀木备受皇家推崇，大量用于制作家具、雕刻工艺品等，紫檀工艺达到从未有过的鼎盛阶段。存世的紫檀家具和工艺品多成为稀世珍品，被传世收藏。

　　紫檀受宠，与其木性、颜色有关。其木性优良，心、边材明显，边材为白色或浅黄色，心材为棕红色，纹理交错，结构均匀，易加工，新切面有光泽和香气，表面磨光后十分光亮。

　　紫檀色呈紫黑，"紫"色在中国传统中寓意祥瑞，如人们常说"紫气东来"。

△ 紫檀百棂门框格柜（一对） 清早期

长70厘米，宽36.5厘米，高142.5厘米

2 ｜ 医疗用途

《本草纲目》记载，紫檀能够止痛、止血，尤其是能够调节气血。将紫檀粉末与白醋混合，敷在腿部的关节处，可消除关节肿痛。

3 ｜ 香气怡人

紫檀有一股淡淡的香气，闻之让人精神愉悦。古人多选用紫檀做衣柜，衣服放入其中，日久生香，可悠然享用。

△ 紫檀屑

第二章

紫檀家具的种类

一
明清紫檀家具

▽ **紫檀云石面香几　明代**

长25厘米，宽16厘米，高52厘米

1 ｜ 明代紫檀家具特点

明朝时期的紫檀家具传世极少，比黄花梨家具还稀有，堪称"收藏之最高境界"。藏家及家具爱好者如果遇上，可谓是缘分。明代紫檀家具有如下特点。

● 木质优良

用紫檀做家具始于明代，所做家具均为皇家、贵族所用，故所选紫檀木均为上等原料。

● 整体造型协调

多数明代紫檀家具注重整体的造型协调和局部之间的比例关系，其部件的长短、高低、宽窄、粗细皆因匀称而协调，因平衡而产生美感。在线条的运用上，明式家具多使用极为流畅的直线和曲线，两者搭配，展示了刚柔并济的表现技巧。

△ **紫檀香蕉腿罗汉床　明代**

长185厘米，宽125厘米，高68厘米

△ **金星紫檀圈椅　明代**

长103厘米，宽62厘米，高48厘米

◁ **紫檀条桌　明代**

长193厘米，宽61厘米，高88厘米

▷ **金星紫檀夹头榫翘头案　明代**

长126厘米，宽83厘米，高40厘米

• 不用铁钉、胶粘剂

明代紫檀家具加工有三原则：非绝对必要不用木销钉，在能避免处尽可能不用胶粘，任何地方都不用锬制。

紫檀家具各部件连接多采用榫卯。为此，明代匠师们设计出各种各样极为精巧的榫卯。一些大件器物，甚至采用活榫，方便器物移动拆装。

• 少有雕刻

明代紫檀家具追求简洁之美，大部分属于光素一类，少用装饰，偶有雕刻装饰，也不过是局部点缀。明代紫檀家具追求的是木质本身的色泽、质感。

△ **紫檀夹头榫酒桌　明代**

长78厘米，宽32厘米，高81.5厘米

此酒桌以紫檀木制成，桌面以标准格角榫造法攒边打槽装纳独板面心，方腿上端打槽嵌装牙板，桌脚间有两根梯枨。

△ 紫檀画案　明代

长155.5厘米，宽72.5厘米，高80.5厘米

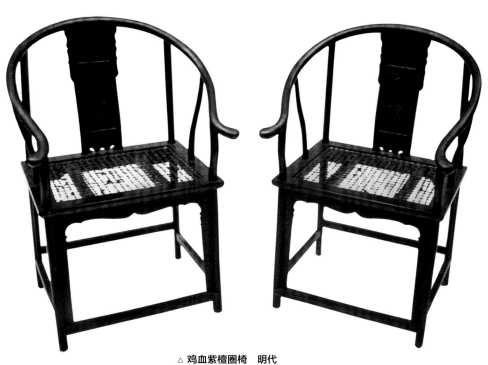

△ 鸡血紫檀圈椅　明代

长102厘米，宽60厘米，高48厘米

- **收敛神韵**

明代家具主要以圆弧与圆为主体造型。如家具腿脚多采用裹腿式，术语叫"圆包圆"，故造型给人一种不夸张、肃穆而又沉着的感觉，有饱读诗书的文人气质。"裹腿枨双环卡子花条桌"为明式家具的典范。

- **完美包浆**

明代紫檀家具年代久远，如果传世，保养完好的，全器会呈现出金属的光泽，形成完美的包浆。

2 | 清代紫檀家具特点

在中国家具发展史上，真正大规模使用紫檀木做家具的是在清代。

清代紫檀家具传世比明代的多很多，主要原因是清代宫廷对紫檀实行垄断制度，使紫檀原材完全归清代宫廷所用，再加上清朝对紫檀的极力推崇，从而造就了清代紫檀家具的辉煌，以及紫檀加工技术的成熟。

△ 紫檀六扇隔扇　清乾隆

宽332厘米，高252厘米

◁ 紫檀嵌玉嵌鸡翅木雕龙纹小柜　清乾隆
长62厘米，宽30厘米，高83厘米

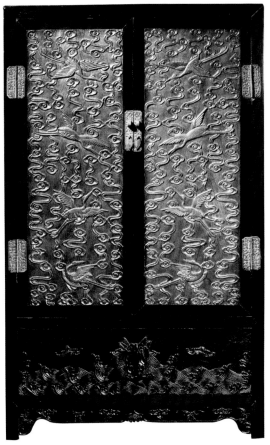

△ 御制紫檀楠木仙鹤灵芝云纹炕柜　清乾隆

长50厘米，宽27厘米，高81.5厘米

△ 紫檀雕西番莲暗八仙炕几　清乾隆

长68厘米，宽43.5厘米，高32厘米

△ 紫檀龙纹御案　清乾隆

长167厘米，宽72.5厘米，高86.5厘米

△ **紫檀框黄花梨夹心顶箱柜（一对）　清代**

长95厘米，宽48厘米，高232厘米

　　此大柜以紫檀木做成，柜顶四面平式，顶柜柜门板心及两侧立墙上部嵌装紫檀双龙纹花板，下部装黄花梨素板，底柜门及两侧立墙被四根抹头分为五段，上中下亦分别装紫檀木雕双龙条环板，其间镶嵌黄花梨素板两块。此外，大柜还安装有铜质合页、面页和吊牌。

△ 紫檀雕吉庆有余描金山水人物多宝格
（一对） 清乾隆

长111厘米，宽42.9厘米，高198厘米

◁ 紫檀螭龙纹多宝格（一对） 清乾隆

长118.5厘米，宽49厘米，高155厘米

△ 紫檀嵌楠木御题诗柜格　清乾隆

长106厘米，宽35.5厘米，高193厘米

　　清代紫檀家具有床榻、桌案类、椅凳、橱柜、屏风等，皇室风格明显，具体特点如下。

● 外形厚重

　　紫檀家具为体现皇室的雍容大气，家具骨架浑厚、坚实，方直造型多于明代的曲圆设计。

△ **紫檀福庆有余四件柜　清乾隆**
宽101厘米，深56厘米，高210厘米

△ 紫檀雕云蝠纹多宝格（一对）　清代

长80.8厘米，宽24.8厘米，高58厘米

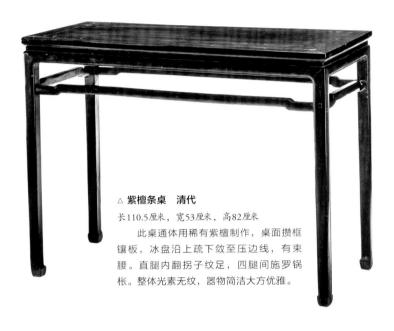

△ 紫檀条桌　清代

长110.5厘米，宽53厘米，高82厘米

　　此桌通体用稀有紫檀制作，桌面攒框镶板，冰盘沿上疏下敛至压边线，有束腰。直腿内翻拐子纹足，四腿间施罗锅枨。整体光素无纹，器物简洁大方优雅。

◁ 紫檀雕云龙纹宝座（附脚踏）　清代

宝座：长100厘米，宽62厘米，高113厘米

脚踏：长70厘米，宽36厘米，高12厘米

　　此宝座以紫檀木制成，三屏风式座围，靠背边框雕卷草纹，板心透雕海水江崖云龙纹图案，两扶手边框雕拐子卷草纹，扶手板心浮雕云纹行龙图案，座面边缘及束腰均浮雕八宝纹，鼓腿彭牙，腿足及牙板均密雕云龙纹图案，宝座四足最终落在双钱纹托泥之上。

● **精雕细琢**

　　清代紫檀家具追求富贵华
丽的皇室风格，故多用雕工。
而且紫檀木质地非常细腻，纹
理也很小，宜于雕刻。

▷ **紫檀螭龙纹香几　清乾隆**
长63.5厘米，宽32厘米，高86厘米

△ **紫檀四方宫灯（一对）　清代**
宽26厘米，高56厘米

△ **紫檀条桌**

长90厘米，宽41厘米，高85厘米

　　此条桌为紫檀木制，桌面攒框镶板，桌面边缘起阳线。高束腰打洼浮雕如意纹饰。方腿直足，四腿间施直枨起阳线。条桌线条简洁美观。

▷ **紫檀雕镶竹黄花卉诗文砚屏　清乾隆**

长24厘米，宽19厘米，高22.5厘米

△ **紫檀镶骨雕描金顶箱柜　清中期**

长43厘米，宽18.5厘米，高74厘米

　　此柜作方角小四件柜，四开门，上下同宽。面板挖地高镶骨雕花鸟纹，柜门无闩杆，硬挤门式；门轴、拉手均镶有暗花铜饰件；内部落堂踩鼓作，置抽屉两具。柜面下端雕梅花纹，壶门勾云纹牙板。四脚包铜。两侧面描金开光花卉、山水纹，绘制精美。此柜材美工精，图案描绘细致，景色悠远，气势宏伟，雕工高超，富贵华丽。

• 式样多变

　　清代许多贵族文人甚至皇帝都参与了紫檀家具的设计，故创作灵活多样，家具式样多变。例如，乾隆皇帝曾积极地参与了造办处的紫檀家具设计、制作和修复的工作。

• 装饰部件奢靡

　　特别是清乾隆后期，紫檀家具的实用性下降，增加了许多装饰性部件，如玉石、金银、象牙、珊瑚、珐琅器等，使之显得累赘烦琐。

△ 紫檀描金花鸟纹奁盒　清雍正

边长9厘米，高17.5厘米

△ 紫檀木托（乙字款）　清乾隆

直径22.5厘米，高6.5厘米

◁ 宫廷御用紫檀雕瑞兽龙纹六方几　清乾隆

高16.5厘米

◁ **紫檀圆桌**

直径75厘米，高82厘米

　　两个半圆桌构成完整圆形，方便不同场合灵活使用，通体紫檀制。桌面用弧形木枨榫接成月牙形，镶装木板面心，有束腰，牙条呈弧形外撇，浮雕卷草纹，边起阳线，与腿部阳线交圈。腿牙采用插肩榫结构相连，腿上部雕如意云纹，卷叶式足，下踩托泥。

△ **紫檀雕博古纹柜　清代**

长87厘米，宽35厘米，高175厘米

　　此紫檀柜由紫檀精制而成，柜为齐头立方式，分上下两层：上层四面开敞，前面对开两扇门，柜门四面攒框，安铜合页、锁鼻，柜内有两层横枨，可装板；底层柜门，正中对开，门攒框镶心，内装博古纹条环板。纹饰精美，打磨精细，包浆润泽。横枨下饰素面牙板，板外沿起阳线，线条劲健有力。

△ 紫檀嵌象牙山水人物大地屏　清中期

长95.5厘米，宽48.8厘米，高201厘米

△ 紫檀框漆地嵌百宝耕织图挂屏　清道光

宽75厘米，高135厘米

△ 紫檀嵌象牙山水楼阁人物插屏　清中期

宽83.5厘米，高78.7厘米

△ 紫檀嵌象牙山水人物大地屏（局部图案）

△ 紫檀嵌大理石花几　清代

面径16厘米，高76.3厘米

二
桌案类

桌案是人们对一类家具的称呼，它们是古典家具最重要的组成部分。明朝时期其种类划分已十分齐全和细致，大致可分为三大类：几、桌、案。

几

几是古人坐时依凭的家具，与案属于同一家具，只是作用不同而已。如《器物丛谈》中说："几，案属，长五尺，高尺二寸，广一尺，两端赤，中央黑。"几的种类很多，如宴几、炕几、香几、茶几、蝶几、花几等。

△ 紫檀嵌瘿木小长几　清代

长66厘米，宽31.5厘米，高56.5厘米

△ **紫檀花几（一对）　清代**

长34厘米，宽16厘米，高85.5厘米

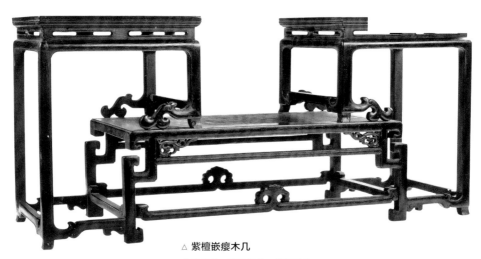

△ **紫檀嵌瘿木几**

长63厘米，宽28厘米，高35厘米

　　此几精选紫檀制成，镶嵌瘿子面。面下束腰、开炮仗洞，呈三联座，外四足翻回纹，内四足内翻马蹄，几身以变形夔龙纹与云头纹装饰，曲线优美和谐，整体与各部件之间的比例关系恰到好处，雕饰细腻，线条明快流畅。

△ **紫檀螭龙纹翘头几　清代**

长152厘米，宽39厘米，高85厘米

　　此翘头几精选紫檀料制成，案面攒框镶长条独板，案面翘头呈卷书状，牙头及牙板浮雕龙纹理，腿间置档板，镂雕草龙纹，直腿，足下托泥。整体做工精细，雕刻精美，端庄华贵，包浆细润。

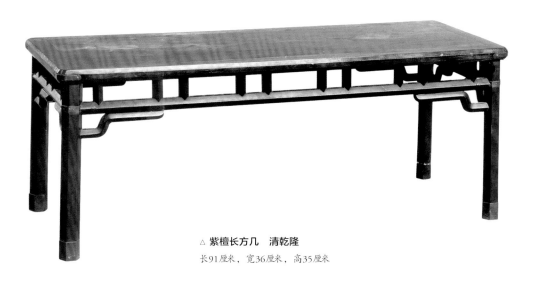

△ **紫檀长方几　清乾隆**

长91厘米，宽36厘米，高35厘米

炕几属于矮形桌案，宋、明、清三代盛行，在炕上或床榻上使用。炕几的制作手法不拘一格，形式多样，可采用直腿、案形云纹牙板的做法，或采用凳子做法，如鼓腿彭牙、三弯腿、一腿三牙、裹腿等。

宴几为宴请所用，多组合陈设，可根据需要单设或拼合，或多或少，运用自如。

三足凭几较多见于少数民族地区，供出游、打猎时坐着休息。

香几属于高腿几，为烧香祈祷所用，有时也作他用。香几大多成对使用，设在堂中或阶前，上置香炉。

△ 紫檀镶瘿木面三弯腿大香几

边长58.5厘米，高125.5厘米

此香几为紫檀料，尺寸极大。面起拦水线，内攒框镶瘿木，花纹绚烂。冰盘沿，高束腰，下设托腮。抱肩榫构造，壶门牙板上浮雕卷草纹饰，且与阳线相连直至腿足。为固其牢，牙板内侧另打装榫头，使牙板与束腰嵌合更密。三弯腿曲线优美，底设万字纹花枨，卷叶足。

◁ 紫檀八角香几（一对）

长42厘米，宽36厘米，高102厘米

香几几面呈八角形，下接雕螭纹高束腰，束腰下牙板也较寻常，香几更为宽大，上饰西番莲纹，四腿与足端均雕如意头，足端下踩带圭角八方托泥。

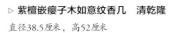

▷ 紫檀嵌瘿子木如意纹香几　清乾隆

直径38.5厘米，高52厘米

△ 紫檀雕花束腰委角香几（一对）

长39厘米，宽39厘米，高89厘米

▷ 紫檀雕花香几　清代

长111厘米，宽42厘米，高84厘米

△ **紫檀香几　清代**

长31.5厘米，宽31.5厘米，高9厘米

△ **紫檀博古几架**

长63厘米，宽21厘米，高28厘米

　　此件紫檀博古几架实际上是由三件小几融合而成，两边方几稍高，几面双层冰盘沿线脚，下接带笔管式鱼门洞开孔的束腰，腿足皆用方材，足端勾转，中部稍矮的小几在横枨中部翻出如意头。全器造型错落有致，雕饰简洁明快。

△ **紫檀嵌瘿木香几　清代**

长29厘米，高16厘米

△ **紫檀古线绳纹香几（一对）**

长39厘米，宽39厘米，高89厘米

　　此香几为紫檀木制，几面委角方形，攒框镶板，面下接束腰，束腰上开笔管式鱼门洞，束腰下装素牙条，牙条下安雕绳纹玉璧式枨子，四腿直足内翻马蹄落在方形托泥之上，托泥下带圭角。

花几属于高腿几，其高于一般桌案，用于陈设花盆或盆景，可根据使用环境选择不同的高度。花几一般成对陈设，摆放在厅堂四角或正间条案两侧。

△ 紫檀嵌瘿木花几　清早期

长34.8厘米，宽34.8厘米，高15.5厘米

△ 紫檀花几　清代

长51.7厘米，宽32厘米，高19厘米

茶几是饮茶用的家具，或方形或长方形，常和椅子组合陈设。

小矮几多用于陈设古玩，特点是越矮越雅。

桌

桌，有历史文物可考的是起源于汉代。宋代时制作工艺取得长足进步，出现了各种装饰手法，如束腰、马蹄、莲花托等。明代时，桌子已发展到完美的程度，基本形式分为束腰、无束腰两种。

△ 紫檀雕缠枝莲六角桌（六凳一桌）　清代

直径107.52厘米，桌高78厘米

△ 紫檀束腰马蹄足鼓腿嵌云石矮桌

长127厘米，宽68厘米，高49厘米

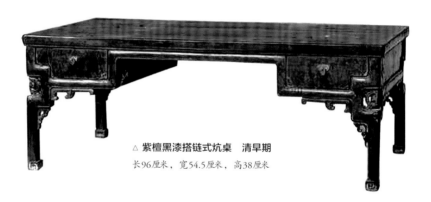

△ 紫檀黑漆搭链式炕桌　清早期

长96厘米，宽54.5厘米，高38厘米

△ 紫檀雕拐子龙纹炕桌　清早期

长84厘米，宽28厘米，高23厘米

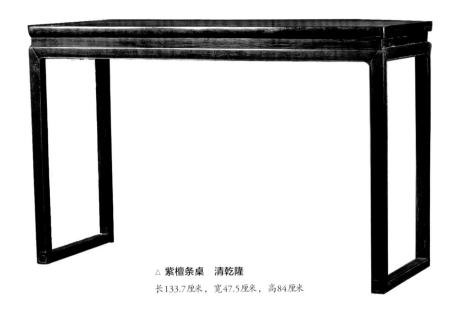

△ 紫檀条桌　清乾隆

长133.7厘米，宽47.5厘米，高84厘米

△ 紫檀嵌云石方八仙桌

边长92厘米，高85厘米

△ 紫檀矮老圆腿桌　清代

长105.4厘米，宽39.4厘米，高82.3厘米

△ 紫檀雕海水纹条桌　清代

长128.3厘米，宽36.2厘米，高87厘米

△ 紫檀嵌掐丝珐琅西番莲纹画桌　清乾隆

长168厘米，宽64厘米，高90厘米

△ 紫檀绿端云石面方桌　清代

长70厘米，宽68厘米，高81.5厘米

　　此方桌属承具类，冰盘沿，象牙板，罗锅枨式牙条，直腿起阳线，内翻马蹄。整体素雅大气，淳朴俊秀。

△ 紫檀大画桌　清代

长178.5厘米，宽72.5厘米，高81厘米

△ 紫檀雕西番莲纹小条桌

长128厘米，宽32厘米，高88厘米

此桌长方形，面下有束腰，牙条正中浮雕西洋式洼堂肚，牙条与腿结合的转角处另有浮雕西洋花托角牙。桌角、束腰、拱肩及足端均包镶铜质錾花饰件。

△ 紫檀圆包圆书桌　清代

长113厘米，宽66厘米，高88.5厘米

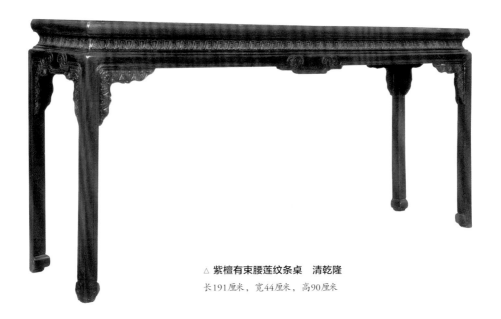

△ 紫檀有束腰莲纹条桌　清乾隆

长191厘米，宽44厘米，高90厘米

△ 紫檀卷叶纹半桌　清乾隆

长116厘米，宽40厘米，高84.5厘米

　　整器通体由紫檀料制成，色泽沉稳典雅。冰盘沿下起高束腰，其上浮雕拱璧纹，牙板深雕卷叶纹及莲纹，并装如意云纹牙头，安装方式特殊，与腿部接缝处理严密。四腿方料，上端浮雕螭龙纹，边起阳线与牙板交圈，足为内翻回纹。

　　由于造型和功能的不同，桌子可分为长方桌、方桌、炕桌、书桌、琴桌和画桌等。

　　方桌是客厅最常用的家具之一，依其大小，可分为四仙桌、六仙桌和八仙桌。古人以大方桌为上等，将八仙桌等作为餐桌使用。八仙桌装饰讲究，常饰以灵芝、花草、绞藤及吉祥图案。

△ **紫檀拐枨方桌　清早期**
长77厘米，宽77厘米，高79厘米

长方桌的桌形接近正方形，但长度不超过宽度的2倍，若超过2倍，则应称为长条桌或条桌。

圆桌为桌类家具中的精品，清代存世较多。桌面大小各异，直径为80～150厘米。桌腿数目不一，有独腿、三足、四足、五足等。有的清代紫檀圆桌造型圆润而灵巧，雕饰精丽，为古典家具中的精品。

半圆桌又名月牙桌，通常靠墙安置，两张半圆桌可合成一张整圆桌。半圆桌在清代家具中较常见。

△ **紫檀雕花半圆桌**

直径100厘米，高84厘米，

　　半圆桌由两件合而成一。面下高束腰，浮雕莲花纹条环。束腰下承托腮，拱肩直腿双翻马蹄。牙条正中垂如意纹洼堂肚。两侧装卷草纹透雕托角牙。桌腿下部装横枨，镶透雕卷云纹屉板。

△ **紫檀夔龙纹有束腰半桌　清代**

长98厘米，宽48厘米，高88厘米

△ **紫檀卷叶纹半桌　清乾隆**

长116厘米，宽40厘米，高84.5厘米

　　整器通体由紫檀料制成，色泽沉稳典雅，绛紫尊仪。冰盘沿下起高束腰，其上浮雕拱璧纹，牙板深雕卷叶纹及仰覆莲，并装如意云纹牙头，安装方式特殊，与腿部接缝处理严密。四腿方料，上端浮雕螭龙纹，边起阳线与牙板交圈，足为内翻回纹。

　　画桌属于长桌，主要是用于作画，兼用于裱画。因此，桌面要宽于普通的长桌。

△ **紫檀大画桌　清代**

长176厘米，宽82厘米，高84厘米

棋桌是一种对弈、打牌、游戏时所用的桌子，外形与方桌相近，仅在设计细节上有变化，如有抽屉。

△ 紫檀方桌式活面棋桌　清早期

长90厘米，宽90厘米，高88厘米

琴桌在宋代已出现，供抚琴所用。琴有大有小，桌也有大有小，使用时以桌就琴，音色美者为好。桌身有的遍体雕刻龙纹图案。

△ 紫檀草龙纹琴桌　清代

长120厘米，宽50厘米，高83厘米

▷ 紫檀回纹八足琴桌

长132厘米，宽44厘米，高78厘米

此琴桌以紫檀木制成，桌面攒框装板，边缘雕回纹，桌面四角做出向内勾转的拐子式卷头，面下有雕如意头束腰，托腮下接雕如意高拱罗锅枨，靠近四角位置有短柱与腿足上部相连，桌腿系由一组板式足以卡子花和横枨相连而成，腿足看面皆雕回纹。

▷ 紫檀下卷琴桌　清代

长48厘米，宽62厘米，高97厘米

◁ 紫檀展腿式琴桌　清代

长91厘米，宽36厘米，高81厘米

案

　　案同桌的区别，最重要的一点在于腿的形制：腿的位置顶住四角为桌，缩进一块的为案。另外，案的等级较桌高，多用于放置办公事物，少用于当餐桌进食，由此衍生出"文案""方案""草案""议案"等词汇。

　　案分平头案和翘头案。平头案一般案面平整，如宽大的画案、窄长的条案等；翘头案面两端装有向上翘起的飞角，其态如羊角直冲，雄健壮美，故名。翘头案多窄形。

　　根据不同用途，案可分为食案、书案、奏案、毡案、敬案、香案等。

◁ **紫檀蝙蝠托泥平头案**

长150厘米，宽44厘米，高82厘米

　　此件平头案系紫檀木制成，案面攒框装板，夹头榫结构，牙头镂雕蝠纹，与牙条正中的蝠纹彼此呼应，牙条上开光内雕博古纹，两腿间镶装拐子龙纹圈口，两足下安托子。

△ **紫檀卷牙云纹平头案**

长166厘米，宽47厘米，高83厘米

△ **紫檀雕西番莲方案　清代**

长83厘米，宽83厘米，高84厘米

△ **紫檀案**

长258厘米，宽40厘米，高77厘米

　　此案为紫檀木制，案面边缘雕卷草纹，架几则由一具抽屉隔出上下两个四面开敞的小格，并镶装卷草纹圈口，抽屉面板浮雕拐子龙纹并寿字，安铜质拉手，雕饰简练。

△ **紫檀翘头案摆件**

长64.5厘米，宽19厘米，高20厘米

　　此器取料紫檀，翘头案造型，工艺严谨精巧。案面攒框镶板，两侧翘头飞出，牙条、腿足沿边起线，牙头浮雕变体龙纹，腿外撇，腿间设挡板，透雕双龙纹。整器灵雅娟秀，韵味十足。

◁ 紫檀小翘头案　明代

长37厘米，宽14厘米，高13厘米

　　小翘头案选用紫檀制成，案面为长条独板，翘首；冰盘沿、弧门券形牙板，夹头榫结构，两侧挡板壶门券口式。此翘头案小巧别致，包浆细润，光洁流畅，古朴自然。

△ 紫檀回纹炕案　清乾隆

长90厘米，宽33厘米，高34厘米

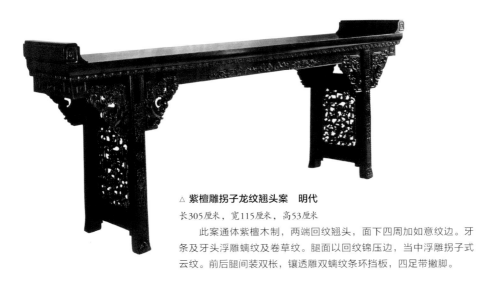

△ 紫檀雕拐子龙纹翘头案　明代

长305厘米，宽115厘米，高53厘米

　　此案通体紫檀木制，两端回纹翘头，面下四周加如意纹边。牙条及牙头浮雕螭纹及卷草纹。腿面以回纹锦压边，当中浮雕拐子式云纹。前后腿间装双帐，镶透雕双螭纹条环挡板，四足带撇脚。

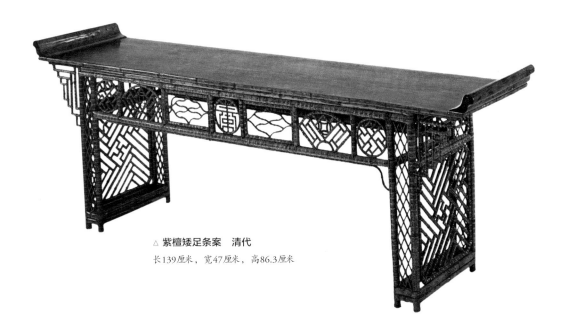

△ 紫檀矮足条案　清代

长139厘米，宽47厘米，高86.3厘米

△ 紫檀平头案　清代

长171厘米，宽43厘米，高86厘米

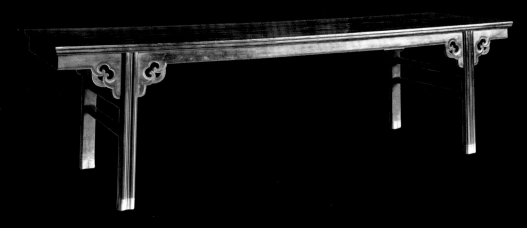

△ 紫檀夹头榫如意云纹大画案　清早期

长301厘米，宽85厘米，高82厘米

△ 紫檀小翘头案　清早期

长37厘米，宽14厘米，高12.5厘米

　　通体以紫檀料为材，案面两端嵌入小翘头，灵动飞扬。边抹四边底端押窄线，下接牙板，牙头锼出卷云纹饰，边缘起线，线条优美顺畅。腿足以夹头榫纳入案面，足端外撇，为"香炉腿"。腿足间条环板透雕灵芝纹。

△ **紫檀龙纹平头案　清代**

长133厘米，宽41厘米，高85厘米

此平头案选用名贵的紫檀为材。案面长方，下承两条屏风式案足。无束腰，案板厚重，四边剔地浮雕双龙纹，并加饰透雕夔龙纹牙条。

食案为进食之具，形如旧时饭馆使用的方盘。与盘的区别在于案下都有矮足。食案大都较小且轻，使用灵便。

书案指读书、写字所用的案，案面平整，案足宽大，并做成弧形。书案高于食案，以方便学习。

奏案专供帝王、官吏处理政务所用，较书案大。

三
床类

床属于卧具，系中国古典家具中历史最为悠久的一类家具，故最能反映传统礼仪、民俗风情等。

床的历史悠久，传说为远古神农氏发明。经过数千年的发展，床的形式愈发丰富，可分为罗汉床、拔步床、架子床等多种。清代遗留下来的床最多。

罗汉床是一种三面装设围栏，但不带床架的榻。罗汉床主要为待客之用。明式罗汉床造型多简洁素雅，清式罗汉床出现大量雕饰，尽显豪华精致。

△ **紫檀雕龙纹五屏罗汉床**

长207厘米，宽139.5厘米，高93.5厘米

此罗汉床通体由紫檀木制成，气势雄伟。采用五屏式结构，床围分别浮雕拐子龙、缠枝花卉及双龙捧寿等吉祥纹饰，两侧扶手作曲线，线条流畅柔美。床面攒框，席心，面下束腰起灯草线，托腮雕饰仰覆莲纹。抱肩榫结构。牙板及腿部作壶门券口形，并满雕形态各异的龙纹及瑞兽图案，内翻云纹马蹄足。

△ **紫檀香蕉腿罗汉床**

长201.5厘米，宽137厘米，高83厘米

　　此罗汉床精选上乘紫檀木制作，体形硕大，端庄凝重。三屏式床围，透雕几何纹，藤式床面，面下束腰，鼓腿彭牙，大挖内翻马蹄，兜转有力。木纹紧致细密，包浆厚润细腻，造型空灵有致，简洁古朴而不失优雅尊贵。

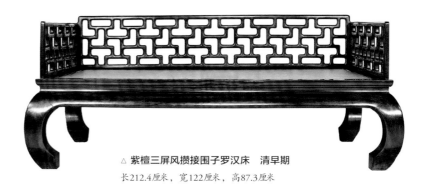

△ **紫檀三屏风攒接围子罗汉床　清早期**

长212.4厘米，宽122厘米，高87.3厘米

△ **紫檀嵌绿端罗汉床　清代**

长205.5厘米，宽101厘米，高80.5厘米

△ 紫檀配黄杨木五屏风攒边镶五彩花蝶纹瓷板围子罗汉床　清代

宽176.2厘米，深77.5厘米，高96.2厘米

拔步床是一种传统的大型床，整个床似一间小屋子。床与前围栏之间形成一个廊子，廊子的两头放箱柜，廊下有踏板。拔步床的围栏有门有窗格，平顶板挑出，下饰吉祥雕刻物，宛如古代建筑。

架子床从拔步床发展而来，床的四角安立柱子，搭建架子。床架一般装潢考究，顶盖四周围装楣板和倒挂牙，前面开门围子，有圆洞形、方形及花边形。床面上的两侧和后面装有围栏，雕工精美绝伦。后来，架子床出现床屉，用来盛放席子等物。

△ **紫檀雕龙纹架子床**

长241厘米，宽169厘米，高261厘米

　　此架子床以紫檀木制成，面下有束腰，鼓腿彭牙，大挖马蹄。以深雕手法刻云龙纹。牙条下沿垂洼堂肚。面上三面围栏。装透雕两面作龙纹条环板，四角及前沿立柱，以圆雕手法饰云纹及龙纹。立柱上装挂牙、楣板及毗卢帽，均以透雕手法饰云龙纹。

四 椅凳类

椅凳类家具是专用坐具，主要为休息、工作两个用途。椅凳造型、设计应充分考虑人体力学、美学原理。比如，座面不能太高，否则膝盖及大腿前半部会受到较大的压力，时间长了易引起腿麻木、胀痛等不适。

从我国椅凳的发展历史看，椅凳类家具呈现出由矮到高、由简到繁的进化趋势。

椅

一种带围栏可依凭的坐具，最晚在汉灵帝时已出现，由胡床进化而来。椅类具体可分为宝座、交椅、灯挂椅、官帽椅、圈椅、靠背椅、玫瑰椅、太师椅等。

△ **紫檀宝座**
长102厘米，宽54厘米，高94厘米

△ **紫檀南官帽椅（一对）**

宽57厘米，深48厘米，高123厘米

△ **紫檀镶云石书卷椅（一对）　清代**

宽61厘米，深48厘米，高103厘米

　　此书卷椅精选紫檀料制，书卷状搭脑，浮雕双龙捧寿纹；靠背为三屏，中间高，两侧低，背板镶云石置亮脚，两侧扶手雕绳纹带扣；椅面攒框四拼，牙板饰双龙戏珠纹，牙角为夔龙纹；四腿间置横枨，直腿起明线。

△ **紫檀螭龙纹扶手椅（一对）　清早期**

长56.7厘米，宽43.3厘米，高94.8厘米

△ **紫檀南官帽椅（一对）**

宽60.5厘米，深49.5厘米，高116.5厘米，

　　此南官帽椅精选紫檀大料制作而成，稳重大方，古拙和谐。搭脑呈桥梁形，曲折宛转而下，鹅脖及背板呈S形。靠背板上嵌云石，下嵌瘿木，相互呼应，下开亮脚，两侧雕饰勾云纹。藤心座面，面下置壶门券口，圆腿直足。整对椅线条优美流畅，木质细密，纹理清晰，做工精湛考究。

◁ **紫檀龙纹交椅**

宽73厘米，深72厘米，高107厘米

　　此紫檀龙纹交椅精选上等紫檀木制作。椅圈曲线弧度柔和自如，俗称"月牙扶手"。靠背板浮雕云龙纹，周围饰以云纹牙角，扶手两端饰外撇龙头，稳重端庄，两侧"鹅头枨"亭亭玉立，典雅而大气。座面以麻索制成，前足底部安置脚踏板，交接之处用铜件包裹镶嵌，装饰实用两相宜。线条优美流畅，结构精巧，沉静肃穆，庄严雄霸。

△ **紫檀雕福寿纹宝座**

长100厘米，宽65厘米，高103.5厘米

　　此宝座以紫檀木制成，面下高束腰，浮雕竖格纹。鼓腿彭牙，如意纹曲边，浮雕缠枝莲纹。内翻马蹄，带托泥。面上五屏式围子，浮雕蝙蝠纹、寿桃及各式花鸟纹。

◁ **紫檀雕云龙纹书卷搭脑宝座**

长100厘米，宽70厘米，高110厘米

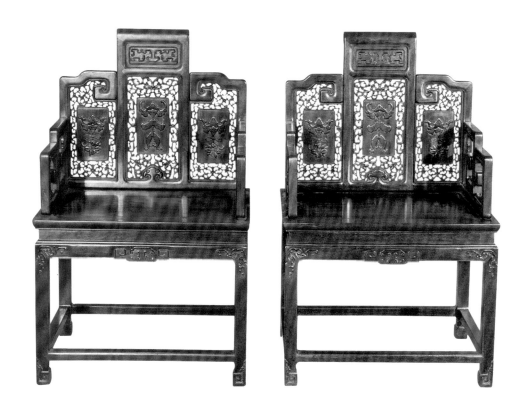

△ **紫檀雕花扶手椅（一对）**
长60厘米，宽50厘米，高94厘米

宝座又称坐椅、床式椅，为中国古典家具中最庄重的坐具，最初专供皇帝使用。其特点是宽大，上面往往放置坐褥与靠垫，坐起来十分舒适。民间所用的禅椅、贵妃榻，均从宝座派生而来。

交椅是中国北方游牧民族最先使用的一种坐具，后传入中原。其结构是前后两腿交叉，交接点作轴，上横梁穿绳带，可以折合，上面安一栲栳圈儿，因其两腿交叉的特点，遂称"交椅"。通俗地讲，就是带靠背的马扎。

△ **紫檀龙纹嵌黄铜交椅（一对）**

长62厘米，宽40厘米，高106厘米

　　此交椅为紫檀木制，靠背板略曲，分三段镶板，上部透雕螭纹，中部透雕麒麟纹，下部做出云头亮脚，靠背板两侧有托角牙。后腿与扶手支架的转折处镶雕花牙子，并辅以铜质构件，座面绳编软屉，座面前沿做出壶门曲边并浮雕草龙，前后腿交接处用黄铜轴钉固定，足下带托泥，两前腿间装镶铜饰脚踏。全器造型典雅、端庄。

▷ **紫檀雕西洋花扶手椅　清代**

宽70厘米，深55厘米，高103.5厘米

　　圈椅也称罗圈椅，是由交椅发展和演化而来的。其椅圈后背与扶手一顺而下，就坐时，肘部、臂部一并得到支撑，很舒适。与交椅的不同之处：不用交叉腿，而采用四足，以木板做面。

△ **紫檀竹节形圈椅（一对）**
宽66厘米，深61厘米，高101厘米

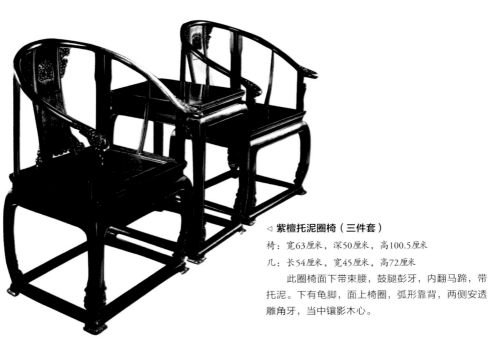

◁ **紫檀托泥圈椅（三件套）**
椅：宽63厘米，深50厘米，高100.5厘米
几：长54厘米，宽45厘米，高72厘米
　　此圈椅面下带束腰，鼓腿彭牙，内翻马蹄，带托泥。下有龟脚，面上椅圈，弧形靠背，两侧安透雕角牙，当中镶影木心。

△ **紫檀明式夹板圈椅（三件套）**

椅：宽61.5厘米，深47厘米，高98厘米

几：长49厘米，宽45厘米，高73厘米

　　该圈椅为紫檀木制，圈椅三接，前后腿足一木连做，分别与扶手、椅圈相接，靠背板三曲，分三段攒框装板，上段在开光内雕双龙纹，中段素板落堂踩鼓，下段雕云头亮脚。座面冰盘沿线脚，座面下三面镶安延边起线素券口牙子，四足间安"步步高"赶枨。

　　太师椅为官宦家所用，以清乾隆时期的作品为最精，制作上常绘以大狮、小狮的图样，寓意太师、少师，故名。清中期后，太师椅走进寻常百姓家，多与八仙桌、茶几配套摆放在厅堂。

▷ **紫檀雕西番莲太师椅　清乾隆**

长65.5厘米，宽51.5厘米，高111厘米

官帽椅又名扶手椅，是椅类中的珍品，因造型如官帽而得名。官帽椅是明式家具的代表作之一，可分南官帽椅、四出头式官帽椅。

▷ **紫檀镶瘿木南官帽椅　清早期**

宽57厘米，深45厘米，高97厘米

△ **紫檀四出头官帽椅（一对）**

长61厘米，宽48厘米，高108厘米

　　此官帽椅选用紫檀料，搭脑中间凸起，两端微向上弯曲，靠背板略微向后弯曲，上刻夔龙纹，下开亮角，座面藤屉，壶门券口牙子，下置直牙条，腿足外圆内方，四腿直下，腿间装"步步高"管脚枨。

△ **紫檀四出头官帽椅（三件套）**

椅：宽60厘米，深48厘米，高120厘米

几：长45厘米，宽45厘米，高80厘米

　　此四出头官帽椅为紫檀木制，前后腿足均一木连做，分别与搭脑和扶手相交，靠背独板三曲，在开光内有螭纹雕饰，座面攒框镶板，座面下三面装延边起线洼堂肚券口牙子，牙条中部雕卷草纹，四足间安"步步高"赶枨，所配小几造型亦如二椅。全套家具造型简练，较少雕饰，含蓄蕴藉。

　　靠背椅指仅有靠背没有扶手的椅子，有一统碑式和灯挂式两种。相较官帽椅，靠背椅椅型略小，使用轻巧灵便。

　　玫瑰椅在江南一带称为"文椅"，明代已广泛使用，其四腿及靠背和扶手全部采用圆形直材，较其他椅式新颖、别致。玫瑰椅一般配合桌案而陈设，是一种文人书房的坐具。

△ **紫檀玫瑰椅（两件）　清代**

宽58厘米，深46厘米，高83厘米

◁ 紫檀雕龙玫瑰椅（两件）　清中期
宽59厘米，深45厘米，高93厘米

摇椅形状独特，前、后脚之间加一个弧形的杖子，人们坐在上面，可以前后摆动，获得摇篮般的感受。一定的摇摆频率能够令人感觉和谐安静。

凳

凳的品种不如椅类多，也不像椅一样出现在高雅的场合中。凳具体包括坐墩、圆凳、条凳、方凳和春凳等。

▷ 紫檀雕花禅凳
长75厘米，宽73.3厘米，高49厘米

△ 紫檀鼓凳（一对）　清代
直径18厘米，高25厘米

△ 紫檀有束腰长方凳（一对）　清代
长70厘米，宽52厘米，高50厘米

▷ **紫檀梅花形六角禅凳　清早期**

长56.5厘米，宽45厘米，高45.5厘米

　　此禅凳选紫檀为材，色泽沉穆而典雅，座面呈梅花状，镶藤屉，抹边做三混面，底置六圆柱形腿，腿间上端光素"刀"字形牙板，底部设双混面横枨，造型独特，制式规整。

◁ **紫檀有束腰马蹄腿变体顶牙罗锅枨大方凳　清早期**

边长57.5厘米，高57.5厘米

　　有束腰的机凳，凳腿绝大多数用方材，足端有俊俏的马蹄，此件方凳即是如此。相比普通机凳，其尺寸宽大，坐着也更为舒适。周身光素，唯以涡云纹直枨格角相交组成变体罗锅枨，足见制作者之巧思。马蹄足造型有力，可见明式风范。

凳类中有长方和长条两种，长方凳的长、宽之比差距不大，一般统称方凳。长宽之比在2：1至3：1，可供两人或三人同坐的多称为条凳。

圆凳凳脚直接落地。圆凳与方凳的不同之处在于方凳因受角的限制，面下都用四足；而圆凳不受角的限制，最少三足，最多可达八足。足式有直脚式、收腿式、鼓腿式。有一种五足圆凳，造型呈梅花形，故称梅花凳。

坐墩又名绣墩、花鼓凳，多为圆形，两头小，中间大，形如花鼓。坐墩是凳类家具中的珍品，坐面上多覆盖一方丝绸绣织物。绣墩与圆凳的主要区别是：绣墩有托泥，而圆凳的腿是直接着地的。

△ 紫檀镂雕藤纹鼓钉绣墩　清代
直径35.6厘米，高45.7厘米

△ 紫檀方凳（两件）　清代
长44厘米，宽49厘米，高36厘米

△ **紫檀黄花梨海棠凳（一对）　清早期**

长55厘米，宽45厘米，高52厘米

　　此对海棠凳用紫檀、黄花梨料精心制作而成，包浆莹润，造型简雅，明式风格。其面呈海棠形，凳面打槽，因年代久远，软席缺失，露出十字形底托。面沿作双混边结构，下装罗锅枨，圆柱直腿，劈料形管脚枨与腿格间相交。

　　机凳是不带靠背的坐具，可分为有束腰、无束腰两种形式。有束腰的都用方材，很少用圆材；而无束腰的机凳是方材、圆材均用。

▷ **紫檀双面交机　清代**

长64.5厘米，宽60厘米，高61厘米

　　紫檀木制，交机用八根直材制成。左面穿绳索软屉，为交机的经典造型。正面两足之间添置踏床，下台式牙条。四根腿足相交处留作方形，圆中见方的设计可使交机结构更加稳固，轴钉荥铆内外，侧加垫护眼如意云头铜饰。脚踏三边镶铜以方胜纹饰脚踏面。紫檀交机较为罕见，不带雕饰足以突出紫檀木纹之美。

春凳属于方凳之一，坐面较宽，既可坐，也可放置器物，作为矮桌使用。

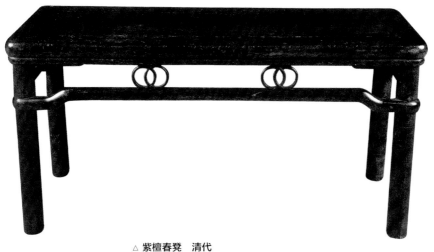

△ **紫檀春凳　清代**
长48.5厘米，宽40厘米，高98.5厘米

五
橱柜类

橱柜类家具大约始于夏、商、周三代。古代人所说的椟，即为今人所称的柜。明清时代，箱柜已成为日常生活中必不可少的用品，制作工艺也达到前所未有的高度，堪称古典家具的典范。橱柜类家具可分为柜、橱、箱三大类。

柜

柜为居室中必备的家具，用于存放大件或多件物品。柜一般形体较高，对开两门，柜内装樘板数层；两扇柜门中间安装铜饰件，用于上锁。

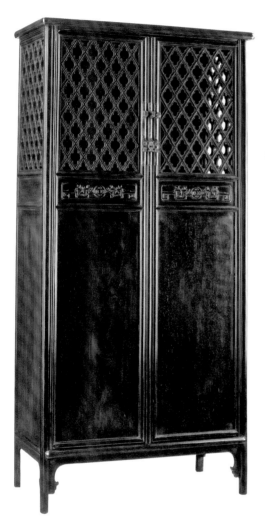

△ 紫檀透格柜（一对）

长81厘米，宽39厘米，高173厘米

◁ **紫檀雕云龙纹古玩格（一对）**

长219厘米，宽41厘米，高126厘米

　　此柜格通体为紫檀木制，左右对称，上格下柜，正中带抽屉。上部分五格，高低错落。前口装云龙圈口或矮栏。每柜各装饰一圆雕小狮。抽屉面、柜门及牙条以深浮雕手法雕海水云龙纹。

▷ **紫檀五面雕云龙纹方小顶箱柜（一对）**

长72厘米，宽37.5厘米，高135厘米

　　此柜通体为紫檀木制。框架及柜门四框饰双混面双边线，柜门、柜肚、侧柜及柜顶镶板，边起条环线，当中全部以高浮雕手法雕海水纹、云纹和龙纹。图案雕刻线条流畅，磨工亦精。

△ 紫檀镶黄杨博古图多宝格　清乾隆

长120厘米，宽39厘米，高189厘米

　　顶竖柜别名四件柜，是一种组合式家具，在一个立柜的顶上另放一节小柜，小柜的长和宽与下面立柜相同，故称"顶竖柜"。该柜大多成对陈设在室内，或两个顶竖柜并列陈设。在明清两代传世家具中，顶竖柜占有一定比例。

　　亮格柜是书房、厅堂内的家具之一，集柜、橱、格三种形式于一体。通常下部做成柜子，用于存放书籍；上部做成亮格，用于陈放古董玩器。

　　圆角柜的柜顶角、柜脚均呈外圆内方的形状，又称"圆脚柜"。该柜体型较大，有两门、四门两种，摆放屋内稳重大方、坚固耐用。

　　方角柜以方材作框架，柜面的各体都垂直呈90°，没有上敛下伸的侧脚，柜顶亦无喷出的柜帽。

　　书格是专门存放书画的用具，南北方称呼不同，南方多称为书橱，北方称书柜。书格正面基本不装门，两侧与后面大都空透，但在每个屉板两侧与后面加一较矮的挡板，防止书籍掉落；正面中间装抽屉两具，既能加强整体柜架的牢固性，又增加了使用功能。古代的书格多摆设在书斋内。

△ **紫檀描金博古图书柜（一对）　清乾隆**

长121.5厘米，宽47.3厘米，高218.3厘米

△ 书柜背面

△ 紫檀大书柜　清代

长88厘米，宽64厘米，高189厘米

橱

　　橱大体还是桌案的性质，只是在使用功能上较桌案有所发展。橱面下安抽屉，两屉的称连二橱；三屉的称连三橱；还有四屉的，总起来都称闷户橱。橱大多用于存放杂物。

箱

　　箱子用于存储物什，一般形体较小，方便外出时携带，两边装提环。由于箱子搬动较多，易损坏，为此各边及棱角的拼缝处常用铜页包裹，以起到加固的作用。箱子正面可上锁。

　　较大的箱子常在室内地面摆放，多数配有箱座（也叫托泥），为的是避免箱底受潮而走样。

△ 紫檀官皮箱　清早期
长36厘米，宽27厘米，高37.5厘米

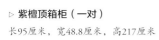

▷ 紫檀顶箱柜（一对）
长95厘米，宽48.8厘米，高217厘米

▷ **紫檀小提箱　清代**

长38厘米，宽23.5厘米，高41厘米

　　取珍贵紫檀木制成，木质坚硬细腻，色
泽沉稳优美。打开箱盖，箱内有大小不一的
抽屉九个，工艺精湛，装铜制双鱼形吊牌，
错落有致，整体造型古朴雅致。

△ **紫檀方角顶箱柜（一对）**

长94厘米，宽48.5厘米，高213厘米

△ **紫檀雕八宝八仙纹顶箱柜（一对） 清代**

长88厘米，宽45厘米，高180厘米

　　顶箱柜两件成对，紫檀木制。上下分别对开两门，浮雕八宝纹和八仙纹，寓意八吉祥和八仙庆寿。周围衬以起地浮雕的祥云纹。两侧镶板以回纹拐子圈边，当中浮雕磬纹、蝠纹及葫芦纹，寓意喜庆幸福和多子。

▷ **紫檀官皮箱 清早期**

长30厘米，宽30厘米，高30厘米

◁ **紫檀小书箱　清早期**

长37.5厘米，宽20厘米，高14厘米

此书箱为紫檀木制。箱顶四角饰以云纹包角，正面圆形面页，拍子作云头形开口容纳钮头，铜件皆采用卧槽平镶作法，实用而具有装饰美感。盒盖相交处起宽皮条线，起加固防护作用。

▷ **紫檀龙纹箱　清中期**

长38厘米，宽18厘米，高8厘米

此箱呈正方体，通体以紫檀木制成，箱盖与箱体相互扣合，中央为上下两面圆形铜拍，箱身及顶部雕饰云龙纹，气势凶猛，刀工犀利，线条流畅，纹饰繁而不乱，雕琢细腻。此紫檀木色调深沉，显得稳重、大方、美观。

◁ **紫檀文具箱　清早期**

长27.5厘米，宽14.3厘米，高13.7厘米

此长方形箱选用优质紫檀为材，通体素面作，以展现清晰明丽的木纹。正面嵌菱花式面页、云头形拍子。两侧安椭圆形提环，左面加嵌活环细铜链一条，以拴箱盖，工艺考究。立墙转角以铜页包裹，盖顶四角镶钉云纹铜饰件。通身线条转折处圆润光滑，工艺制作一丝不苟，盖面独特的虎皮斑纹浑然天成，包浆莹亮如鉴，更衬木纹之美。

◁ **紫檀官皮箱　清代**

长32厘米，宽24厘米，高33厘米

　　此箱以紫檀为料，色泽幽黑肃穆，包浆莹亮。箱体正门两扇，箱盖有云形拍子与箱体扣合，箱盖掀开为一个平屉，两扇小门后为六具抽屉。两门饰以面页及鱼形吊牌，外设铜包角，两侧带提手，下有底座，正面腿里侧饰以壶门式牙条，做工考究。

▷ **紫檀八屉文具箱　清早期**

长31厘米，宽27厘米，高20厘米

　　此箱顶部设提梁，提梁与箱身接触面设铜条加固，边角处皆嵌有精致的白铜如意云头包角。门板整片前开门式，以格角榫攒边镶嵌，上侧边框装长方形面页及扣锁，门板镶圆形面页拉手，内置八屉。铜件皆是以平卧法镶嵌，工艺考究，与深沉的紫檀材质映衬，美观、大方。

◁ **紫檀官皮箱　清早期**

边长30厘米，高30厘米

　　此件官皮箱紫檀色泽深沉，纹质优美。箱身所饰铜件皆是平镶。箱盖四角以白铜如意云头包角，门板与箱盖以圆形面页相接，云头形拍子开口容纳钮头，门上施精细的长方形合页、面页及吊牌。两侧施有弧形提环。官皮箱内侧上层设平屉，安活轴装镜架。平屉下设抽屉五具，面页、吊牌保存完好，底座壶门式轮廓。

官皮箱是专门用于旅行的箱子。其形体较小，正面对开两门，门内设抽屉数个。柜门上沿有子口，关上柜门，盖好箱盖，即可将四面板墙全部固定起来。

药箱与官皮箱相似，但没有向上翻的箱顶，代之以两门，下承箱座，打开门后为多层抽屉，用于放置不同类的药品。

轿箱因多放于官轿之中，故而得名。轿箱模样轻巧，设计便捷：箱体分为上、下两部分，下凹上凸。上部与箱盖吻合，用于存放纸张、卷轴之物；下部较上部短，两头均向内凹，可放官印、毛笔等物。

△ 紫檀黄花梨柞榛木曲系独门药箱　明代

长46厘米，宽23厘米，高30厘米

药箱内有三层，置于长方形底框内，底框安站牙和提深，底部四角稍微隆起为足。箱为格角榫攒边打槽装木纹华美的独板门心，门心上铜嵌方形锁，配有锁匙，箱内分四格抽屉，皆安有铜页面与六拉手。

△ 紫檀小药箱　清代

长31.5厘米，宽21厘米，高29厘米

此箱箱顶与两侧箱帮用燕尾榫平板结合，并用如意云头纹铜片饰，箱周角均用铜嵌如意云头纹加固。板心上方有长方形黄铜颏，面页作长方形，板心有铜质拉手，箱内有四小屉，皆安有铜拉手。整器保存完好，做工精细，纹理清晰，实属难得。

六
屏风类

古代的房屋建筑高大宽敞，需要挡风与遮蔽，故屏风这种家具应运而生。

汉代以前，屏风多为单扇和木制，上涂彩绘。汉代及以后，出现双扇、多扇的屏风，随意折叠开合，使用越发方便；出现以玉石作装饰的玉屏风、玻璃屏风、书画屏风，选材越发广泛，工艺日益提高。

明清时期，屏风已成为室内必不可少的装饰品，有插屏、围屏、挂屏等几种形式。

▷ **紫檀透雕螭纹嵌大理石座屏**

长128厘米，厚64厘米，高196.5厘米

此座屏为紫檀木制，造型为仿明式。特点是大框之中用透雕花纹条环板围成一圈，当中镶仔框，仔框之中又镶大理石心，底座横梁之间镶两块透雕螭纹条环板，下部有浮雕螭纹披水牙。

插屏

插屏即把屏风结构分为上下两部分分别制作，组合装插而成。屏座用两块纵向木墩，正中立柱，两柱由横枨榫接，屏座前后两面装披水牙子，两柱内侧挖出凹形沟槽，将屏框插入沟槽，使屏框与屏座共同组成插屏。

插屏大小不等，大可挡门，间隔视线，俗称影屏；小者则谓案屏，设在厅堂条案或书房桌案之上，纯作摆设装饰之用。

△ 紫檀雕人物双面插屏

长42厘米，宽25厘米，高103厘米

◁ 紫檀雕安居乐业御题诗插屏　清代

长50.7厘米，宽36厘米，高98厘米

△ **紫檀嵌掐丝珐琅四季花卉图插屏　清乾隆**

长23厘米，宽18厘米，高26.3厘米

△ 紫檀西番莲夔龙团寿五扇屏风　清乾隆

长175厘米，高171厘米

△ 紫檀雕松柏长青插屏　清乾隆

长18厘米，宽13厘米，高30厘米

△ 御制紫檀嵌白玉人物插屏　清乾隆

长49厘米，宽23厘米，高95厘米

△ **紫檀木插屏　清代**

长55厘米，宽32厘米，高86厘米

　　此插屏的大理石纹理成天然山水画，云雾山中，山泉奔流，另一面则冰天雪地，一片苍茫。以紫檀木作框，攒边成屏，插屏座有四方立柱，由两片镂空夔纹护牙夹持植入。如意云纹盘牌形腿座，两枨中夹镂空雕螭龙纹，横板与两立柱相连，下方前后各有浮雕夔龙纹牙板承接加固，两柱上端以束腰仰俯莲纹为饰。整体用材奢侈，做工精美，后人难以望其项背。

△ 紫檀贴竹黄九狮大插屏　清中期

长38厘米，宽22厘米，高73厘米

△ 紫檀嵌松石御制诗文插屏　清中期

长14厘米，宽9厘米，高22厘米

△ 紫檀端石松下对弈图插屏　清代

宽48厘米，高48厘米

△ 紫檀边座骨雕茜色耕织图插屏　清中期

长110.5厘米，宽42厘米，高108厘米

围屏

　　围屏也叫落地屏风、软屏风或曲屏风，是多扇折叠屏风。屏多为双数，少则2～4扇，多则6～8扇。4扇则称四曲，8扇则谓八曲。每扇之间以销钩连接，折叠十分方便。

　　围屏多用木作框，屏芯用纸绢等饰，上面绘绣人物、神话故事、吉祥图案等。围屏的特点轻巧灵便，可根据室内空间大小自如曲直。

△ **紫檀雕莲花六扇围屏（一组）**

长264厘米，厚44厘米，高211厘米

　　屏风六扇，紫檀木制，屏身五抹界五格，上楣板、腰板及两边扇用浮雕宝相花的条环板围成一圈，中间为攒套方锦纹屏心。再以黄绫作衬，更加美观、秀丽。下裙板以浮雕岔角花围成开光，当中浮雕宝相花。

△ 紫檀镶鸡翅木亭台楼阁人物屏风　清代

长125厘米，高169.5厘米，厚5.5厘米

△ 紫檀嵌楠木瑞兽纹八扇围屏　清代

长203.2厘米，宽8厘米，高185厘米

挂屏

挂屏出现时代较短，在清初出现，指的是贴在有框的木板上或镶嵌在镜框里供悬挂用的屏条。《西清笔记·纪职志》记载："江南进挂屏，多横幅。"

△ **紫檀嵌百宝挂屏　清代**
宽75厘米，高120厘米

◁ **紫檀和合二仙绣品挂屏　清代**
宽34厘米，高95.5厘米

△ 紫檀云龙纹挂屏（一对）　清代

宽71厘米，高114厘米

△ 紫檀框黄漆嵌百宝鹿鹤同春御题诗挂屏（一对）　清乾隆

宽52厘米，高100厘米

△ 御制长寿多子图百宝嵌紫檀框挂屏　清乾隆
宽84厘米，高111厘米

◁ 紫檀嵌玉堂富贵图挂屏　清乾隆
长109.5厘米，高86.5厘米

△ 御制紫檀木框漆画铜鎏金凝禧挂屏　清乾隆

宽65厘米，高94厘米

◁ 紫檀松鼠葡萄纹框博古图挂屏　清乾隆

宽32厘米，高49厘米

△ 紫檀锦纹框浮雕山水人物大挂屏　清中期

长159厘米，宽91厘米

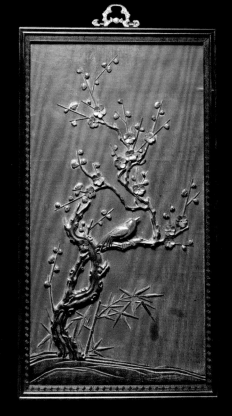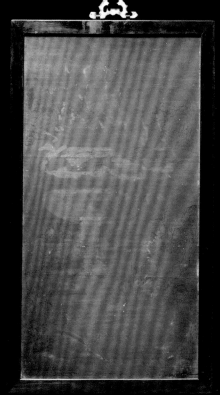

△ **紫檀贴竹黄花鸟纹挂屏（成对） 清早期**

宽41.6厘米，高73.5厘米

　　此对挂屏以紫檀攒框装板，正面边框纹质细腻，雕有连续回纹。屏心正反面皆贴竹黄，画面以折枝写意花鸟为立意，其一自下而上生出梅树枝干、劲挺竹节，梅干遒劲伸展，一只雀鸟俏立枝头，似闻声而动，气韵清逸。另一梅干自上而下生出，梅花怒放，枝叶繁茂，鹊鸟仰望，舞升春风。挂屏背面绘山水画，气韵生动，意境旷达。

　　挂屏一般成对或成套使用，如四扇一组、八扇一组，也有一些挂屏挂在中堂，两边各挂一扇对联的。

　　清雍、乾两朝，挂屏在宫内处处可见，已脱离实用家具的范畴，成为纯粹的装饰品。

△ 紫檀葫芦形博古架　清代

高42厘米

七
其他类

　　除床榻、椅凳、桌案、橱柜、屏风，紫檀家具还有架、台、筒等，这些物件或大或小，但不乏精品，纳入藏家的法眼，成为追捧的对象。

　　如2004年11月22日，北京翰海拍卖公司拍卖的"乾隆紫檀浅刻山水笔筒"，最终成交价高达77万元。

架

　　架类家具包括衣架、盆架、磬架等，为悬挂用具。

▷ 紫檀嵌玉雕喜上眉梢帽架（一对）　清代

长16厘米，宽11厘米，高32厘米

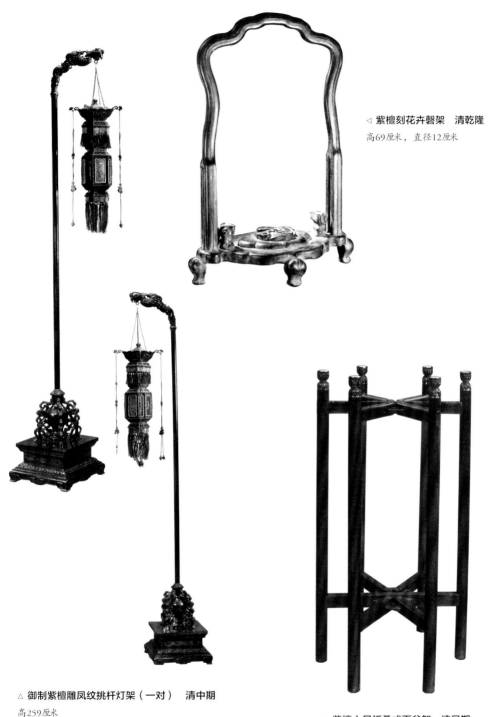

◁ 紫檀刻花卉磬架　清乾隆
高69厘米，直径12厘米

△ 御制紫檀雕凤纹挑杆灯架（一对）　清中期
高259厘米

△ 紫檀六足折叠式面盆架　清早期
直径41.8厘米，高77.4厘米

△ **紫檀灵芝纹笔架　清代**
长15厘米，宽12厘米，高4.5厘米

衣架多设在寝室内，用于悬挂衣服。古今"衣架"称谓相同，但形式有别，古衣架形式多取横杆式，两侧有立柱，下有墩子木底座；两柱间有横梁，当中镶中牌子，顶上有长出两柱的横梁，尽端圆雕龙头。古人多穿长袍，长袍脱下后就搭在横梁上。

盆架有高、低两种。高盆架是盆架靠后的两根立柱通过盆沿向上加高，上装横梁及中牌子，用于搭放面巾；低盆架不带巾架，几根立柱不高过盆沿。盆架一般有四角、五角、六角、八角等之分，其中四角、六角的可折叠。

磬架的结构类似衣架，用于挂置磬器。

筒

笔筒是筒具中的代表。笔筒是装放毛笔用的，是保护毛笔的必备文物用具之一。

笔筒于明代中晚期出现，很快风靡天下，至今仍是书画家们离不开的器具。笔筒外形较单一，多为筒状，直口，直壁，口底相若，造型相对简单。

◁ **紫檀松竹梅笔筒**

直径13厘米，高16厘米

选用优质紫檀料而制，花形筒口，筒身分别雕饰松、竹、梅纹，象征高洁的个性。刀工娴熟，风格清新，别致精巧，文雅和谐。

△ **紫檀素身圆笔筒　清代**

直径29厘米，高25.5厘米

△ **紫檀素身圆笔筒（局部）**

△ **紫檀素身圆笔筒底部特写**

◁ **紫檀树瘤笔筒　明代**

直径15厘米，高14.5厘米

▷ **紫檀泥鳅背笔筒　明代**

直径11.8厘米，高16.2厘米

◁ **紫檀整挖起线三足笔筒　明代**

直径10.5厘米，高14厘米，

　　此笔筒选料考究，木色黝黑泛紫，包浆醇厚莹泽，用料乃紫檀中之上品。笔筒为整挖制成，颇为特殊，唇口、足沿起线为饰，器壁厚实，质感强烈。通体光素无纹，紫檀良材之自然纹理外现，展现了其雅致之美，为文房案头佳品。

▷ **紫檀三足笔筒　清代**

直径13厘米，高14.5厘米

　　此三足紫檀笔筒选材精良，器形硕大，口沿和圈足起线优美，器表不事雕琢，全靠造型简朴和木料自身的优雅纹理取胜。由于紫檀生长期长，质地坚硬致密，入水即沉，且色调深沉，变化无穷，所制器物大多采用光素，以彰显本身纹理之华美。

◁ **紫檀笔筒　清代**

直径11.5厘米，高9厘米

　　紫檀木制，色泽瑰丽，包浆温润，口沿自然磨光，中略收腰，线条典雅庄重。

▷ **紫檀笔筒　清代**

直径14厘米，高14.5厘米

　　此笔筒由珍贵紫檀木制成，造型规整，包浆亮丽，选材精良，木质纹路清晰自然，古朴典雅。整器光素无纹，完美地展现其雅致之美。

◁ **紫檀嵌百宝笔筒　清中期**

高12厘米，直径8厘米

　　此笔筒选用上等紫檀精雕而成，包浆浑厚，又以百宝嵌手法塑造仲夏河畔图景。其中描绘葭苇荷塘边，荷叶、蒹葭随微风摇摆，一对芦雁一只翘首以盼，另一只展翅归来，点睛用红水晶，更显得神采奕奕。构图洗练，芦雁工整，荷草随意，于小小一方笔筒间，也有疏密穿插。飞翔的芦雁周围不着一物，留白给人以天高之感既切合主旨，经典实用，又富天然趣味，整个画面恬静雅致、神静气闲。

◁ **紫檀笔筒　清代**
直径20厘米，高20厘米

▷ **紫檀随形笔筒　清代**
直径20厘米，高18厘米

明清笔筒传世品极多，紫檀木笔筒的装饰方法非常丰富，有刻、雕、绘等工艺。

台

台指承托用具，如灯台、镜台。

镜台又名梳妆台，多摆放在桌案之上。镜台形如小方匣，正面对开两门，门内装抽屉数个，面上四面装围栏，前方留出豁口，后侧栏板内竖3～5扇小屏风，边扇前拢，正中摆放铜镜。

还有一种简单折叠结构的镜台，为架式，故又称为镜架。与衣架、盆架等架类的区别在于有木托支承镜子。

◁ **紫檀六角镂雕宫灯**

宽85厘米，高45.5厘米

　　此宫灯呈六角形，通体采用镂雕工艺。顶作官帽状，六面镂雕缠枝花卉纹饰，上置一主挂钩，各角配置副钩，起稳固保护作用。中部作亭台形制，各角雕刻狮子滚绣球，生动逼真。中部开光攒框镶玻璃，四周镂雕缠枝纹。外设立柱六根，雕以双龙戏珠，下承底座。此紫檀宫灯装饰繁复，制作工艺精湛，包浆莹润自然。

▷ **紫檀鲤鱼跃龙门纹梳妆台　清代**

长85厘米，宽42厘米，高125厘米

△ **紫檀雕龙纹写字台**

长180厘米，宽90厘米，高83厘米

　　此写字台除台面外，周围各个板心全部浮雕云纹和龙纹。龙纹在帝王时代为皇家所独享，后才成为大众共享的装饰图案。

第三章

紫檀家具的鉴别要素

一
紫檀家具的
辨识要素

△ 紫檀木纹理

△ 紫檀海水龙纹官皮箱　清代

长43.5厘米，宽36厘米，高42.5厘米

辨识紫檀家具由生手到行家，需要一个过程。有行家在旁指点，这一过程则可大大缩短。紫檀家具的辨识可从以下几点入手。

1 ┃ 辨纹理

辨纹理，可识别家具所用紫檀木的种类。如金星紫檀料为紫檀家具中的上品，其纹理（棕眼）呈S形或绞丝状，肉眼可见；鸡血紫檀料为紫檀中的下品，木材没有或少有纹理，边材附近多出现一块不规则的斑马纹；牛毛纹紫檀料为紫檀家具中的中品，纹理弯曲，酷似螃蟹爬过的痕迹，故名蟹爪纹。

辨识纹理还可识别真假紫檀木家具。如假的紫檀家具所选木料多为红酸木，这两种木材颜色、比重相近，但纹理上有一定的区别。红酸木的纹理中常夹带黑色或深褐色的条纹，而紫檀木没有。

▷ **紫檀圈椅　清代**

宽66厘米，深77厘米，高101厘米

▷ **紫檀龙纹大镜匣　清早期**

边长45厘米，高18厘米

　　此镜匣匣体四角包铜，正面带一长方形抽屉，可用于置放梳洗装扮用具。屉面设有铜拉手，底置四内翻马蹄。镜架以榫卯相连，架面设荷叶型镜托，以卡铜镜之用，支架可折叠。余处镂雕草叶龙，面板正中开光饰海棠花。整器造型玲珑有致，富有灵气。

△ **紫檀雕云蝠小书柜（一对） 清代**

长48厘米，宽35厘米，高172厘米

此书柜为紫檀木制。柜顶四面平式，上三层三面镶装俯仰山字棂格围子，中安带铜拉手抽屉一具，屉面板在委角方形开光内雕云蝠纹。抽屉下设一柜，柜门亦在委角方形框柜内雕云蝠纹，安铜质面页、吊环、合页。侧面立墙落膛踩鼓，光素无纹，直腿内翻马蹄，腿足间安拐子纹牙条。

2 | 识截面颜色

　　真正的紫檀木，新截面为橘红色，久则为深紫色或紫红色，常带黑筋。

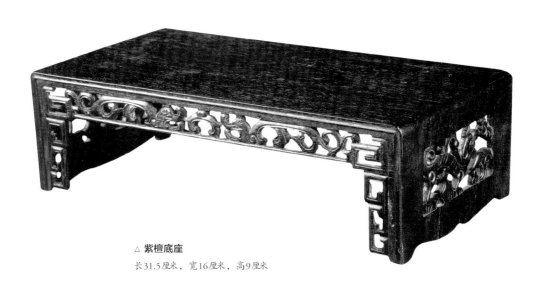

△ 紫檀灵芝如意
长32.5厘米

△ 紫檀底座
长31.5厘米，宽16厘米，高9厘米

△ 紫檀雕山水纹顶箱大柜

长117.5厘米，宽48厘米，高214.5厘米

3 | 闻木香

小叶紫檀在与物体摩擦时，可闻有很微弱的清香气，味似檀香，但不同于生活中闻到的燃香。若用锉刀锉、台锯刨木料，则木料气味更大。

4 | 看浸液颜色

将紫檀的锯末或木屑泡入水中或白酒中。真正的紫檀浸液呈紫红色，且有荧光。如若用酒精浸泡，浸液可用来染布，不掉色。木屑入酒液变为黑色的，则多为红木黑料。

5 | 听声音

用正宗的紫檀木块，最好是"紫檀镇尺"，轻敲紫檀物件，若声音清脆悦耳，没有杂音，即为紫檀木。

6 | 问产地

买紫檀家具时，应向卖方问清楚家具及其木材的产地。市面上有不少木材以紫檀的名义"行走江湖"，打听一下产地，有经验的人士可以辨别真假。

△ **紫檀佛龛**
长49厘米，宽37厘米，高65厘米

二 紫檀家具的鉴别

1 | 古旧紫檀家具

古旧紫檀家具经过上百年的存放、使用，可出现两种情况。

一种是家具放在不见阳光、远离大门或窗户的地方，其易于鉴别，一般还能看到紫檀家具的本色及纹理。例如，乾隆花园中倦勤斋内的装饰几乎全用金星紫檀，历经近300年，仍为紫檀的本色——紫红色，金星金丝非常明显。

△ 紫檀六角宫灯（一对）

宽45.5厘米，高79厘米

△ 紫檀云龙纹盖盒

长33厘米，宽22.5厘米，高15.5厘米

◁ **金星紫檀象耳云龙纹大香熏**

宽140厘米，高172厘米

　　此座象耳云龙纹大香熏精选上乘金星紫檀木精制而成。透雕云龙纹帽顶，五爪飞龙盘旋于云层之中，生动形象，刻画细腻，刀工犀利。局部镂雕呈蜂窝状，并有浮雕折枝牡丹、梅、菊花卉纹饰，吉祥富贵。

　　下部饰回纹，束腰鼓腹，并浮雕仰覆莲等花卉，以及狮子滚绣球、双鹿梅花、麒麟等精美图案。双耳以象首为饰，有"大象无形，可以得道"的深刻寓意。

　　腿部浮雕兽面纹，瑞兽口含灵芝，六兽爪足。牙板浮雕缠枝牡丹纹。底座攒框镶板，冰盘沿，束腰雕饰缠枝花卉纹，牙板雕饰卷叶纹，承龟足。

△ **紫檀底座　清代**

边长15.5厘米，高4厘米

△ 紫檀木炕桌　清代

长75厘米，宽61厘米，高31厘米

　　此炕桌由紫檀木制作，器形较宽，与一般炕桌相比，像是"日"与"曰"之区别。面心板用三拼，边沿起拦水线。饼盘沿下带束腰，舌门牙板阳线蔓草纹饰，炕桌硬肩直落，三弯腿外撇，饱满有力。器之美不在大小，此桌造型悦目，制作严谨，比例合度，雕饰精美。

　　一种是家具置于大门及窗户附近，受阳光照射，这种紫檀家具的表面呈灰白色，不易识别。但它纤丝如绒的卷曲纹、细腻光滑如肌肤的手感是其他木材所没有的，只要经擦拭上蜡后，便会重新焕发出雍容华贵的气质。

2 ｜ 新品紫檀家具

　　新品紫檀木成器后，表面多做烫蜡处理，保留紫檀木的天然本质，故家具表面材色成高贵的紫红色或紫黑色，纹理不乱，可见细密的S形卷曲牛毛纹或金星金丝。如是檀香紫檀材质，用60～100倍的放大镜可窥见管孔，管孔内充满金色的紫檀素，犹如星光闪烁。

　　部分工厂将紫檀木与老红木混用。不是经验丰富的行家，一般难以识别。老红木一般放在家具不明显之处，其黑色条纹宽大明显，花纹可见，少有金星金丝，与紫檀木区分不难。

　　如果家具因涂有改变木材本色的漆或蜡，或者故意作旧而看不清材质，十有八九为假冒品。

三
紫檀家具作旧、
补配或作伪

紫檀家具在中国文明史中占有不可替代的崇高地位，备受收藏者喜爱，因此市场交易价格颇高。一些逐利钻营的人通过作旧、补配或作伪等手段，来获取不正当的高额利润。

1 | 作旧

家具作旧，是指通过一定的方法使家具表面呈现旧的表象，使家具更像、更接近所仿时代的家具。

紫檀作旧在明清家具中较容易、较常见。紫檀通过人工加工处理，表面变旧的时间很短，易产生所谓的包浆，故难以被买者察觉。

常用的六种作旧方法。

◆ 用石灰水浸泡紫檀家具或部件5～10分钟，家具表面很快变成一致的灰白色。

◆ 用双氧水擦拭或浸泡紫檀家具。

◆ 用硫酸咬蚀紫檀家具腿部或其他部分，造成受潮而腐朽的假象。

◆ 用中草药熬汁涂抹紫檀家具表面。

◆ 将紫檀家具置于露天处，雨淋日晒，或定时泼水，加速其自然氧化变色。

◆ 把紫檀家具放在油烟熏烤的厨房，加速其变旧老化。

2 ｜ 补配

在收藏各界，补配无处不在，如家具的雕花残损，按原貌修补完整。补配是一种修复家具的手段，但不法分子却常用它来欺骗买家。具体方式如下。

◆ 主要部分采用旧家具残件，其他部分后配，并进行着色处理。

◆ 将一件旧家具一拆为二、一拆为三等。例如，把一只圈椅分拆成椅面、靠背、圈，然后各自另组成一件圈椅，每件圈椅所需其他材料都按照残件的标准色泽进行作旧处理。

3 ｜ 作伪

明清古典家具有很多赝品存在，这与作伪大行其道有关。作伪方法其实包括作旧、补配，但还有以下手段。

◆ 以次充好。用近似于紫檀色泽、比重、纹理的老红木等其他木材冒充紫檀制作家具。

◆ 贴皮子。用常见木材制成家具，再在家具表面贴上一层薄紫檀板。

◆ 拼凑改制。将多个旧家具残件拼凑在一起，冒充旧家具。

◆ 调包计。例如，软屉是明式家具床、榻、椅、凳的一种弹性结构体，但软屉多已损毁，作伪者遂将软屉改为硬屉，却标以修复之名，让人上当。

◆ 改高为低。为适应现代人生活方式的需要，将古代高型紫檀家具截去一部分腿脚，改制而成低型家具。

◆ 更改装饰。即故意更改一些传世紫檀家具的结构，或除去其装饰，用来假冒年代久远的紫檀家具。

◆ 常见品改罕见品。例如，将不太值钱且传世较多的小方桌、半桌，改成较罕见的围棋桌、抽屉桌。

紫檀木的"红筋"和"红斑"

紫檀的"红筋"或者"红斑",指的是紫檀的"黑筋"或"黑斑"的最初形态,是已产生量变但尚未达到质变的过程。

紫檀在生长过程中受养分匮乏、木质开裂渗入水分、大量紫檀素和沉淀物的堆积等诸多因素的影响,紫檀木细密的棕眼被堵塞,引起细胞的衰老甚至死亡,从而致使这部分细胞通常比周围的正常细胞密度更大、颜色更深,棕眼更少,甚至完全没有棕眼,但此时还处在红色的状态,尚未形成"黑斑纹"。如果制成手串,就会出现红色的斑点状纹路。

需强调的一点是,紫檀木长红斑的部分缺少韧性,易裂。

第四章

紫檀家具的价值分析

一
紫檀家具的
投资价值

△ **紫檀框漆地嵌玉黄庭坚书法挂屏　清乾隆**
宽32厘米，高75厘米
　　"山谷道人""晋府书画之印"款。

投资紫檀家具，一些人存在误解，认为只要是紫檀，将来就会升值。例如，如果是一件粗制滥造的家具，无论材质有多好，除了木头的价钱，毫无附加升值空间。投资紫檀家具，应考虑家具的三方面价值。

1 | 艺术价值

紫檀是红木中的贵族，拥有与生俱来的静穆、典雅的气质，是其他材料无法比拟的。俗话说"玉不琢不成器"，紫檀也是一样，配上精雕细工，二者完美结合，才能充分展现紫檀家具形神兼备的气韵。

◁ **紫檀大画框　清代**
宽91厘米，高141厘米

◁ **紫檀芙蓉观音诗文座屏　清代**
宽16厘米，高27.5厘米

▷ **金笺嵌象牙仙山百子图御题诗大挂屏　清中期**
宽88厘米，高170厘米

◁ 紫檀嵌沉香人物故事砚屏　明代

长10厘米，宽8厘米，高24.5厘米

▷ 紫檀雕西番莲方几（一对）

边长48厘米，高102厘米

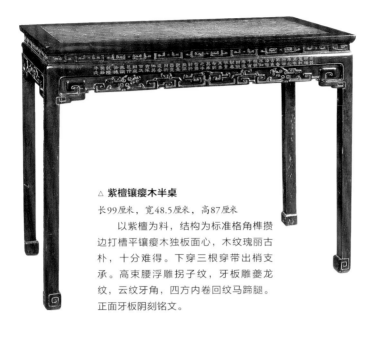

△ **紫檀镶瘿木半桌**

长99厘米，宽48.5厘米，高87厘米

　　以紫檀为料，结构为标准格角榫攒边打槽平镶瘿木独板面心，木纹瑰丽古朴，十分难得。下穿三根穿带出梢支承。高束腰浮雕拐子纹，牙板雕夔龙纹，云纹牙角，四方内卷回纹马蹄腿。正面牙板阴刻铭文。

△ **紫檀镶石面方桌**

长73厘米，宽73厘米，高83厘米

　　此方桌采用珍贵紫檀木制。攒边打槽平嵌大理石面心，面下冰盘沿，浮雕纹饰，冰盘沿下有束腰，束腰上浮雕拐子纹。牙条腿部顶端、罗锅枨、卡子花分别浮雕拐子纹。展腿式，卷叶纹足。制作雕刻工艺精湛。

△ **紫檀镶云石插屏　清乾隆**

长49.5厘米，宽23厘米，高59厘米

　　例如，紫檀家具根据制作地点的不同，分为京式、苏式、广式三种风格。清代京式家具由宫廷造办处监造，线条质朴、挺拔、自然明快；装饰力求豪华，镶嵌象牙、珐琅、金、银、玉等珍贵材料，家具呈现十足的"皇气"，从而形成了气派豪华以及与各种工艺品相结合的显著特点。

　　艺术是永恒的，流芳百世。紫檀家具的艺术价值具有投资升值的巨大潜力。

2 | 文物价值

　　可以这样说，各个朝代遗留下来的家具都具有一定的文物价值，因为每件家具本身体现着所处时代的艺术、科技、人文特点，后人可从中一探究竟。

　　紫檀家具自明代问世以来，直至清代，一直是宫廷御用之器，自然它的文物价值更高。研究明清两代的紫檀家具，人们甚至可以推测一个皇帝的性格、审美情趣，为历史人物研究提供借鉴。例如广州东风路的藏宝阁中有一件紫檀龙椅，龙椅上面刻有61条五爪龙，业内人士推测其可能是清朝康熙皇帝坐过的龙椅。

　　可以这样说，明清两代的紫檀家具是皇家宫廷的一个载体。

△ **紫檀雕云蝠平头案**

长150厘米，宽45厘米，高82厘米

　　此条案通体为紫檀木制，面下长牙条浮雕云纹及蝙蝠纹。正中镂雕大朵如意纹。抱腿牙头较长，以透雕加浮雕手法饰拐子纹。腿面饰双混面双边线，腿间装洼堂肚圈口，足束踩托泥。

△ **紫檀雕蝠盘纹四面空多宝格（一对）　清代**

长110厘米，宽38厘米，高220厘米

架格一对，紫檀木制，左右对称。每件架格开八孔，左侧设一小橱。对开两门，上部灯笼锦透棂，下部浮雕蝠寿纹。右侧设抽屉一具，抽屉面上浮雕云纹及蝙蝠纹。另在横枨与竖枨结合的转角处安一透雕云纹托角牙。格内立墙开出扇面式、海棠式、长方委角等形式的开光洞。做工考究，线条流畅圆润，具有较高的艺术水平。

◁ **紫檀钱纹座屏　清乾隆**

长38厘米，宽22厘米，高89厘米

△ **紫檀挂屏（四屏）　清代**

长113厘米，宽38.6厘米，高2.1厘米

△ **紫檀雕云龙纹三联顶箱柜**

长384厘米，宽58厘米，高248厘米

　　此柜通体为紫檀木制，依传统形式和工艺精制而成。柜身顶箱加底柜共11块雕花板。全部板镶心，采用深浮雕加毛雕手法雕海水云龙图。全部合页、面页、吊牌等金属饰件也雕刻云纹或云龙纹。

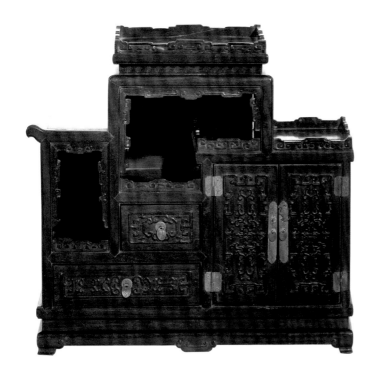

◁ **紫檀多宝格　清代**

长46厘米，宽24厘米，高42厘米

　　紫檀为材，规格小巧，形制独特。造型呈"品"字形，顶部有三个台面，中间为正方形，四面起栏。左边呈长方形，翘头案式。右边呈长方形，三面起雕栏。顶部有束头，底座呈须弥式。整器由一柜二屉三亮格组成，明暗相间，疏密相宜。浅浮雕勾连云纹、云雷纹和宝相花等。品相完好，包浆润泽。

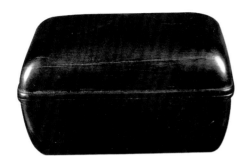

◁ **紫檀印盒 清代**

长10厘米，宽7.5厘米，高5厘米

▷ **紫檀透雕龙纹香几（一对）**

长58.5厘米，宽43.5厘米，高94厘米

　　紫檀木制，长方形，面下高束腰。四角露腿，周围镶条环板六块，浮雕云龙纹。束腰下承托腮，牙条与腿用料丰厚，并以深浮雕、镂雕等多种手法雕云纹和龙纹。腿部选用了圆雕刻饰。四腿的足部与托泥座相连，也用透雕的龙纹缠绕覆盖。托泥中部饰覆莲纹，底下为托泥底座。

◁ **紫檀木提盒 清代**

长19.5厘米，宽15厘米，高18厘米

　　紫檀为材，材质高贵，提盒共三层，坐在长方形底框内，底框安站牙和提梁。此提盒用料厚实，所有立墙为圆角相接，制作精良。提盒整体小巧温雅，工艺非常考究，包浆沉厚明亮，品相佳美。

长17厘米，厚8厘米，高19.5厘米

　　此灯屏在清代十分流行，有各种尺寸：小的为桌屏、灯屏，大的则可立于屋中独立陈设。此灯屏设计简约，造型稳重，边框以紫檀制成。上部镶云石板，云雾缭绕，流云缥缈，山峰掩映其间，意境悠远。下部透挖壶门式券口牙子，座屏一侧设台座，可供插笔之用。

▷ 紫檀宝顶书箱　清代

长35厘米，宽20厘米，高33厘米

　　箱体呈四方形，箱顶状似宝塔顶，顶沿四周镶铜如意云头纹饰，顶部装铜提梁，箱四周均镶铜以稳固箱体，双门对开，结合处镶铜面页及拉手，内置七小屉。整器做工精细，线条流畅，古香古色。

△ 紫檀木香蕉腿托泥座　清代

长28厘米，宽17.5厘米，高9.5厘米

　　紫檀为材，台面长方形束腰，牙板腰身一连木，四条香蕉腿，下承托泥素雅光洁。整器材质珍贵，做工精良，造型别致，品相完好。

3 | 历史价值

历史价值是家具投资的参考指标之一。一般来讲，年代越早的家具，投资价值越高。

用紫檀制作家具本身就是一段值得研究的历史。明代郑和下西洋后，与东南亚各国建立起贸易关系，大量的紫檀流入国内，紫檀家具随之兴起，继而东南亚各国紫檀被采伐殆尽。清代所用紫檀均为明朝皇室存留下来的，至光绪帝大婚以后，大内储备的紫檀木料几乎被用光。懂得紫檀使用的历史，也就明白紫檀家具至今价值不菲的原因了。不同的历史时期，紫檀家具的造型不同，艺术风格迥异。特别是明清紫檀家具，它们有的已经历经百年时光，保存下来实属不易，是历史的见证者，是后人考古的重要依据。

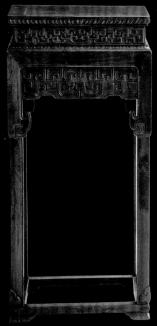

△ **紫檀香几（一对）**　　**清代**

长42.5厘米，宽42.5厘米，高90.5厘米

香几一对，通体紫檀，几面攒框镶板，冰盘下浮雕花瓣纹饰，高束腰浮雕拐子纹，托腮与几面相呼应，同饰花瓣纹饰。牙条浮雕拐子纹，腿部有拐子纹云翅装饰，展腿卷叶足。有托泥龟脚。香几整体大方，用料厚重，十分珍贵。

△ 紫檀嵌白玉御制诗文壁瓶　清乾隆

△ 紫檀事事平安宝嵌插牌　清代

长35厘米，宽22厘米，高91厘米

△ 紫檀透格门圆角柜　清代

长76.5厘米，宽43厘米，高150厘米

　　此圆角柜通体采用珍稀紫檀木制，圆腿直足。门板分四部分，上部透格攒接四合如意纹饰。镶条环板浮雕卷草纹。下部攒框镶板浮雕花鸟纹饰，雕工细致，条环板浮雕寿桃寓意吉祥。四腿间施壶门券口式牙条，前部浮雕卷草纹起阳线。圆角柜的制式大方美观，实用与装饰兼顾。

△ 紫檀整挖香盒　清早期

长9.6厘米，宽8.8厘米，高5.3厘米

◁ 紫檀箱　清早期

长42厘米，宽24厘米，高23厘米

▷ 紫檀树瘤笔筒　清早期

口径21厘米，高21厘米

△ **紫檀龙纹嵌黄铜交椅（一对）　清代**

宽62厘米，深40厘米，高106厘米

　　此交椅为紫檀木制，靠背板略曲，分三段镶板，上部透雕螭纹，中部透雕麒麟纹，下部做出云头亮脚，靠背板两侧有托角牙。后腿与扶手支架的转折处镶雕花牙子，并辅以铜质构件，座面绳编软屉，座面前沿做出壶门曲边并浮雕草龙，前后腿交接处用黄铜轴钉固定，足下带托泥，两前腿间装镶铜饰脚踏。

◁ **紫檀束腰顶罗锅枨大八仙桌　清早期**

长96厘米，宽96厘米，高88厘米

　　此桌为紫檀制，四边攒框，面心由四块紫檀板拼攒而成。束腰打洼。牙条下装顶罗锅枨，四腿及枨子均用大料。粗壮的四腿，使此桌显得稳固质朴。内翻马蹄足，饰回纹。此桌用材精良考究，雕琢工艺精湛细致，包浆亮丽。

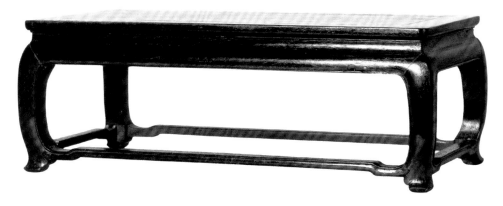

△ **紫檀雕方几　清早期**

长35厘米，宽26厘米，高13厘米

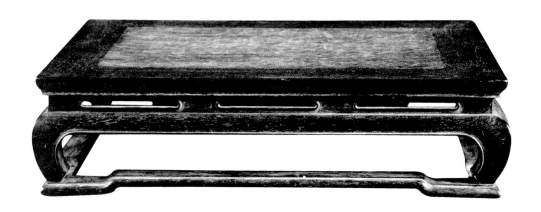

△ **紫檀镶瘿木香几　清代**

长30厘米，宽23厘米，高7.5厘米

△ **紫檀镶竹螭龙纹臂搁　清代**
长25.3厘米，宽4.2厘米

二
什么样的紫檀
家具价值高

投资紫檀家具，除把玩、愉悦精神之余，追求经济回报是自然的。精明的古玩玩家，会从以下六点考虑紫檀家具的投资价值，以获得更高额的回报。

1 ｜ 血统纯正

紫檀家具价值与紫檀木材的"血统"有关。紫檀木种类有数十种之多，上品为小叶紫檀。小叶紫檀制成的家具价格往往是大叶紫檀的四倍左右。

檀木可分为空心、实心两种。十檀九空，大多数檀木有空洞，而无空洞的少之又少。自然，实心檀木制成的家具价格高，升值潜力大。

2 ｜ 造型完美

紫檀家具的造型好坏，直接决定家具市场交易价格。造型，其实体现的是设计者、制造者的技艺水平以及审美能力。造型好的紫檀家具，不仅更加实用、耐用，而且往往形神兼备，远望之，神韵自现。

哪怕是现代紫檀家具，只要造型好，升值空间也是有的。

△ **紫檀嵌楼阁人物挂屏　清乾隆**

宽56.5厘米，高84厘米

　　此挂屏呈长方形，紫檀雕花木框，屏心用紫檀雕树木、山石，并嵌掐丝珐琅亭阁。一位白玉老者手持如意，旁有一白玉小童陪侍，象征着吉祥如意。

△ **紫檀框漆嵌黄杨柳燕图挂屏　清乾隆**

宽64厘米，高110厘米

　　此挂屏边框为紫檀木制，雕回纹，屏心黑漆地，上嵌黄杨木春燕、柳树、桃花。树的枝叶随风飘曳。桃花盛开，一只春燕展翅飞翔，另一只在跃跃欲试。寓"春归""祥和"之意。

▽ **紫檀镶楠木亮格柜　清早期**

长103厘米，宽48厘米，高197厘米

　　此柜亮格与柜子连成一体，上格三面开窗，两侧及后背安牙条，圈口内侧边缘皆起阳线。柜门正面打槽装板，正中可开，上装铜合页与铜锁鼻和拉环。柜内有两屉，使柜分上下两格。柜下有屉板，中部留有空间。屉内侧三面安素面圈口，屉板下安素牙条。柜除柜门板面、后板、屉板等用楠木外，余皆用紫檀。此柜格造型规整，简练圆浑，选料甚精，制作考究，显示出工匠的高超技艺。

3 | 年代久远

紫檀家具价值与年代历史息息相关，年代越久远，价值相对越高。究其原因，不外乎两点：一是家具属于实用器物，年代越久远，保存下来的越稀少，物以稀为贵，自然价格越高；二是年代是与历史文物价值挂钩的，年代久的紫檀家具，往往具有更丰富的历史文化内涵。

△ **紫檀大方盒　清代**

长49.3厘米，宽31.3厘米，高14.2厘米

此盒由身和盖两部分扣合而成，器、盖形制、规格基本相同。整器不事雕饰。材质高贵，板材较大，多用独木、厚木为之。整器以榫卯拼合，白铜拷边，合缝严密，做工精良。

△ **紫檀有束腰莲纹条桌　清乾隆**

长191厘米，宽90厘米，高44厘米

此条桌桌面攒框装面心板，冰盘沿，高束腰打洼雕仰覆莲纹，雅致而巧妙，有韵律感。牙板以插肩榫与腿足结合。牙板下装铲地雕莲纹花牙，为整张条桌点睛之笔。方材腿足挖缺，增添了艺匠意趣。紫檀沉稳的色泽与考究的造型，互相衬托的条案庄重肃穆。

▷ **紫檀有束腰三弯腿带托泥西番莲纹大扶手椅　清乾隆**

长67厘米，宽51厘米，高112厘米

此扶手椅选用上等紫檀制作，四面有工。搭脑两端下弯，突出椅背正中的高耸部分，两端不出头，为南官帽椅形制。靠背板雕西番莲纹，刀法快利，周边以枝叶流连反转的花叶纹与背板连接，扶手与联帮棍之间亦饰以枝叶翻转的雕花牙子。座面以格角榫攒框装面心板，宽阔舒适。牙板与腿足格角相交，四面有工，铲地浮雕西番莲纹，于四角处垂下花叶，似模仿金属包角。腿足顺势弯转，底端外翻圆雕花叶。此件三弯腿一气呵成，坐落在托泥之上。此椅紫檀构材浑厚，葆光莹润，精雕细琢，榫卯纹饰皆匠心考究，繁而不俗，端庄大气，尽显清乾隆宫廷家具之妍华艳丽。

4 | 名家制造或名人收藏

紫檀家具如果为历史著名的工匠制造，或者曾经为历史名人所收藏，自然会附加出更多的人文历史内涵，家具增值也就理所当然了。真正的明清紫檀家具多为宫廷所用，无怪乎每一件紫檀家具上市的交易价都让人咋舌。

5 | 器形完整

收藏界强调器形完整。完整是相对于残缺而言的。比如一张紫檀桌，一条桌腿残缺不全；或者一张紫檀床，床上的雕花部分脱落不全。

残缺的家具，收藏者往往会进行补配，按照原家具的原色进行修补，但其价值，相比完整的家具将大打折扣。

▷ **紫檀描金发塔　清乾隆**

底边长12厘米，底边宽7厘米，高22厘米

◁ **紫檀方桌**

长75厘米，宽75厘米，高73厘米

此方桌通体由紫檀木制作，桌面攒框镶板，有束腰开炮仗洞，牙条镂雕拐子花草纹饰，牙头以拐子纹装饰。直腿内翻拐子纹足。桌子装饰优美大方，色泽沉稳高贵，雕工精致，保存完好。

△ 紫檀宫廷小万历柜（一对）　清代
长35.5厘米，宽23.5厘米，高58.5厘米

△ **紫檀大方角柜　清早期**

长119厘米，宽63厘米，高188厘米

　　此方角柜形制经典，造型优雅。四根方材立柱以棕角榫与柜顶边框结合。有闩杆，无柜膛，后背板采用复杂的"扇活"制作。柜门以格角榫攒框装面心板，装铜质面页、钮头以及吊牌，锈迹古朴。柜内以穿带加固，装三层屉板，其间下侧屉板间装入抽屉两具，抽屉脸铜制面页与吊牌保存尚好。

6 │ 产生包浆

　　紫檀家具产生包浆是一个非常漫长的过程，而且与藏家的素养有关。紫檀是一种需要接近人气的材质，只有正确的保养手法和耐心的等待才会让其完成"包浆"的过程，绽放出迷人的色彩和光泽。包浆是家具之美，还能对家具表面起到保护作用，可防潮、防腐。因此，有包浆的紫檀家具更值钱。

△ 紫檀小柜（一对）　清代

长18厘米，宽12.5厘米，高55厘米

△ 紫檀香草龙花卉博古柜（一对）　清中期

长90厘米，宽38厘米，高180厘米

△ **紫檀透格门圆角柜**

长80.5厘米，宽39.5厘米，高159厘米

　　此圆角柜通体为紫檀木制，柜体上部为透格式，攒接四合如意，下部条环板攒接草龙纹饰。下部留堂镶板，直牙条、牙头浮雕卷草纹。圆腿直足。圆角柜整体线条流畅，工艺精细，美观实用。

三
近几年紫檀家具的
价格走势

1 | 市场走势

纵观这五年的紫檀家具市场交易，体现出如下特点。

（1）交易品种丰富

这几年家具交易品种丰富，囊括了床、椅、桌案、屏风等各种家具，其中不乏重器，如乾隆"庆寿"纹宝座等。

品种丰富还有另外一个原因是海外文物回流，参与竞拍交易。

（2）交易需求两旺

总体来看，每件家具的最终成交价格均高于最低估价，接近最高估价；部分成交价格甚至是估价的数倍，这说明家具市场需求旺盛，有更多的买家进入。

（3）市场趋于理性

2011年，桌、椅等家具交易动辄数百万元，甚至近千万元，至2015年时，价格有所回落，趋于平稳。这并非家具交易市场萎缩，而是市场交易更趋理性，买家出手越发合理。

（4）桌案、屏风受欢迎

从桌案、屏风交易来看，交易价格多数接近或超过最高估价，说明它们较受藏家喜欢。如2014年3月纽约苏富比有限公司拍卖的紫檀月牙桌，最高估价为184.05万元，成交价却高达444.7875万元。

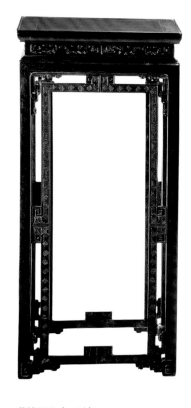

△ 紫檀香几（一对）

长45厘米，宽45厘米，高93.5厘米

此香几采用珍贵紫檀木制成，形制独特，装饰繁复高雅。几面攒框镶板中有拦水线。冰盘沿上疏下敛至压边线。高束腰浮雕草龙纹，托腮无雕饰。直腿内翻拐子纹足，四腿间攒接拐子纹饰圈口牙条，浮雕拐子纹。香几整体用料厚重，材质考究，雕饰细腻精美，是清代家具中的精品。

2 | 市场分析

　　家具收藏市场如今有更多的媒体介入造势，加之人民生活水平提高，寻求更多的投资渠道来理财，故有更多的人对家具收藏市场产生热情，进入寻宝领域。越来越多的人参与进来，这对收藏市场来说是好事，无疑带动市场朝着更健康、更兴旺的方向发展。

　　个人进入收藏市场的同时，一些企业资本也不失时机地进入角逐。例如，2012年以来，企业藏家在家具收藏市场的购买力占到60%以上，而活跃在上海、香港拍卖场上的买家有70%以上都是企业家，机构收藏已经成为上海及香港艺术品收藏领域的中坚力量。

　　紫檀家具买卖市场较前几年趋于合理，但仍有不少藏品一登上交易平台，即以数倍于估价的价格交易，这说明紫檀家具仍然是人们投资的重点关注对象，紫檀家具收藏远未到它的"熊市"阶段。

△ **紫檀长方桌　清中期**
长84.1厘米，宽45.1厘米，高35.56厘米

第五章

紫檀家具的购买技巧

一

紫檀家具购买技巧

多件紫檀家具摆在眼前，普通买家往往不知道如何挑选，既不知道是不是真材实料，也不知道什么样的家具好，有点"花眼"的感觉。

如何买到称心如意的家具呢？

1 │ 看材质

紫檀木种类众多，生长环境也不一样，故木性具有差异。

（1）选木材密度大的

紫檀生长的地理位置不同，木材的密度有差异，密度大的紫檀质量更好。例如，长在山地的紫檀木质密度大。密度大，同等尺寸下的家具重量就大。因此，挑选同样款式的紫檀家具时，应挑选重量大的。

△ **紫檀笔筒　清中期**

直径15.5厘米，高23厘米

此紫檀木笔筒，选材精良考究，包浆浑厚凝重，纹理质朴，牛毛纹鲜明。无足，直壁，全器光素，造型至简，典雅厚重。

◁ **紫檀长方盒　清中期**

长17厘米，宽11厘米，高10.5厘米

◁ **紫檀云石面香几　清早期**

长39厘米，宽39厘米，高82厘米

　　香几以紫檀木精制而成。几面攒框镶云石，石纹清新秀丽；面抹边，束腰，腰内置炮仗洞；内翻足落于托泥之上。香几色泽莹润，设计精巧，造型雅致，沉静肃静，美观实用。

△ **紫檀嵌大理石长方几（一对）　清代**

长43厘米，宽26厘米，高79厘米

◁ **紫檀嵌云石座屏　清早期**
长44厘米，厚20厘米，高46厘米

（2）选旧紫檀木

紫檀木材的干燥处理直接决定家具的品质。新紫檀木受湿度、温度的影响，木性还不稳定，做成家具后易出现开裂、变形等问题。因此，购买紫檀家具宜选旧紫檀木的家具，不宜购买新制的，最好购买已经放置一段时间的，以便于发现家具有无问题。

（3）选木材色深的

传统认为，紫檀家具贵黑不贵黄，故购买紫檀家具应挑选深紫红偏黑的，而不是色泽偏黄的。

2 ｜ 看外形和结构

紫檀家具的外形、结构在图纸阶段就决定了。一些大型紫檀家具的结构设计，稍有不慎就会造成成品的失败。如有的紫檀案子，由于重力原因，桌面向下弯曲，两边翘起。这就是因为没有设计好框架而造成的。

家具一旦合到一起，结构就很难看到了。不过，从一些部位还是能推测出家具牢固度的，如档子的多少和粗细程度。

行家看家具外形、结构大体分四步。

首先，观察家具的对称性。如椅子的腿、牙板、扶手是否对称，家具在平整的地面上是否晃动。

△ **紫檀香几（一对） 清代**

长12厘米，宽12厘米，高19.5厘米

　　此香几选料紫檀，几面攒框镶板，冰盘沿，束腰上置条环板，牙板透雕卷草纹，折腿，腿间装罗锅底枨，外翻卷叶足。

△ **紫檀雕花卉圈椅（两件） 清代**

宽60.5厘米，深47厘米，高101厘米

△ 紫檀嵌绿端石双劈料条桌　清代

长128.5厘米，宽38厘米，高81.5厘米

　　此条桌选上等紫檀料精制而成，温润自然，造型古朴大方。面部攒框镶绿端石。冰盘沿，素牙板，罗锅枨式牙条，整体素雅大气。

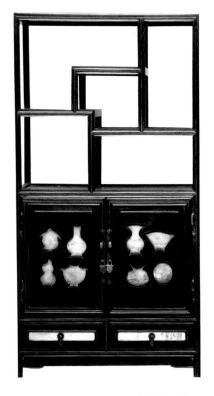 

△ 紫檀雕大理石小多宝格（两件）　清代

长46厘米，宽24厘米，高85厘米

△ **紫檀禅凳　清代**

长63厘米，宽63厘米，高48.5厘米

　　此禅凳为明式风格，稳重端庄，其料选用小叶紫檀，牛毛纹理清晰美观，抚之光滑犹如肌肤。冰盘沿，束腰牙板光素，棕角榫构造，腿间安有罗锅枨，直腿抹边，内翻马蹄。

△ **紫檀四平式马蹄腿宝珠纹炕桌　清中期**

长87厘米，宽30.3厘米，高44.5厘米

　　此桌四腿连面，无束腰，为四面平式。桌面格角榫攒框镶板，牙板纹饰多样，中心为宝珠纹，牙角雕变体的龙纹，民间俗称"象鼻子龙"，侧面腿足间的纹饰亦如此，寓意太平有象。炕桌直足落地，内翻马蹄足，镂出卷云纹。整器紫檀制，色泽沉郁，包浆油亮，肃穆沉稳，文雅庄重。

◁ 宫廷御用紫檀嵌百宝御咏桃花诗
清供图插屏　清乾隆

长58厘米，宽35厘米，高69厘米

▷ 紫檀嵌螺钿山水纹挂屏　清乾隆

长106厘米，厚3厘米，高70厘米

其次，看平整度。用手抚摸家具的表面，手感要比视觉敏锐，桌面很小的不平整部分都能摸出来。

再次，查家具的内侧和背面。这些部位有一定的隐藏性，它们与正面一样干净、工整吗？大多时候能在这里发现做工的好坏、用料的真假等情况。

最后，拉动橱柜和抽屉等活动部位。这样做可以测试家具做工的精确度。

3 ｜ 看雕刻

雕刻是紫檀家具附加值的体现，是紫檀家具必须经过的步骤。有着上佳雕刻的紫檀家具会有较好的增值潜力。

第一，看雕刻是否与家具协调。如有的家具轮廓多为弧形，却用方正的回纹，这样就会造成视觉的不协调。

第二，看平整度。可以用手抚摸雕刻表面，看有无毛刺。有的家具看起来雕刻繁杂密集，但却制作粗糙，图案和质地高低不平。

第三，看雕刻的自然度。如一些根据花鸟画改做的雕刻作品，要观察花卉、枝叶的穿插是否自然合理，是否能够很好地表现出物体的层次和前后关系。

△ **紫檀满雕西番莲花圆墩（一对）　清代**

直径30厘米，高51厘米

此圆墩为紫檀木制，墩面与底面的侧边均饰有一圈鼓钉纹，下接弦纹两道，在两道弦纹之间又饰以拐子龙纹图案。墩壁的开光内满雕西番莲纹，开光的如意头内及开光之间的空隙均饰有蝠纹，墩底部有四脚。

△ 紫檀直棖卡子花架子床　清代

长218厘米，宽140厘米，高223厘米

此紫檀架子床造型简洁干练，床座为四面平结构，束腰，直牙条以抱肩榫结合腿足，腿足大挖香蕉腿。床座硬屉，边框内缘踩边打眼装席。六根直立角柱下端做榫拍合床座边框上凿的榫眼。承尘四边装挂檐，中有直棖矮老上下格间嵌入。床座上的三面围子做榫入角柱，直枨攒接，上围装双环卡子花。此架子床简洁稳重，受明代家具风格影响较深，应为清早期的明式家具。

△ 紫檀小几　清代

长16厘米，宽9厘米，高31.5厘米

此小几为紫檀木制，面为整板，沿部打洼，牙板透雕双龙戏珠及回纹，两侧挡板均透雕草叶龙纹，空灵大方。

△ **紫檀山水博古柜（一对）　清代**

长96厘米，宽44厘米，高180厘米

　　此对博古柜选用紫檀料，四面平式。上部由开光亮格组成，错落有致，镂雕卷草纹花牙。中间左侧作小型对开双门，分别攒框铲地浮雕山水人物等图案，雕刻平整如一，尤见匠师工艺至纯。横枨延伸圆雕龙头。右侧置抽屉四具，亦雕山水人物图，饰铜拉手。下部柜门对开，腿间装壶门牙子，浮雕兽面纹及云纹图案。

◁ **紫檀苍龙教子圈椅（一对）　清代**

宽71厘米，深62厘米，高103厘米

　　此对圈椅五接扶手，楔钉榫接，背板弯曲，上部开光浮雕苍龙教子图案，两侧装绳纹花牙。扶手下装曲形联帮棍，鹅脖和扶手前端有拱肩，下穿座盘形成前腿。椅面攒边打槽，硬屉席心。椅子三面壸门券口，均为阳线纹刻沿。腿间安管脚横枨。

▷ **紫檀缂丝插屏　清代**

宽34厘米，高59.5厘米

　　此插屏屏座与屏扇之框架皆由紫檀制成，屏扇中央开光嵌黄绢，绢上以刺绣、缂丝等工艺绘"鸳鸯戏水"图，左下角有书斋款。只见青莲摇曳，浮水涟漪之间有两只鸳鸯逍遥戏水。屏座站牙、牙板与环板皆以透雕草叶龙为饰，颇具古雅之气。

△ 紫檀雕云龙纹嵌金银丝宫廷宝座屏　清乾隆

长213厘米，高203厘米

4 | 看磨工

紫檀木质密度很高，经过打磨能获得如镜面般的表面。用手抚摸家具表面，若细腻润滑，则打磨过关。

质量上佳的家具各个部位都会被仔细打磨。检查家具的磨工时，要抚摸各个拐角、杖子、纹样等处。

△ **紫檀方形小盖盒　清代**

长10.5厘米，宽10厘米，高8厘米

此盒以紫檀为材料制作而成。盒呈方形，内置一格，盖身规格相若，子母口扣合，造型简练，洗尽铅华，尽显木纹之秀美，为古代文人储存印泥等文房之用。

△ **紫檀木靠背椅（一对）　清代**

长55厘米，宽44.5厘米，高103.5厘米

椅类家具，经常移动，年代久远，容易遭散损坏。成对传世，十分罕见。此靠背椅背板造型圆润成"是"字形。乘坐舒适，椅子腿之间装"步步高"赶枨，无论从正面或侧面看，靠背椅的线条都非常简洁。

◁ **紫檀边框瘿木芯板独门药箱　清代**

长36厘米，宽25厘米，高33厘米

　　药箱泛指安有多具抽屉的箱具。此药箱顶与两侧箱帮用燕尾杆平板。药箱门及四周边墙为格，角杆攒边打槽，装木纹华美的瘿木芯板。箱边周角嵌铜如意云头纹饰固定，门上方有长方形黄铜合页，门心安铜拉手，箱内多层小屉，皆安有铜页面与拉手，材质珍贵，纹路美丽，做工考究，实属难得的书斋摆放佳品。

▷ **紫檀木方凳　清代**

长47厘米，宽41厘米，高52.5厘米

　　此方凳以紫檀木制成，用材方正，器形规整，厚重敦实，凳面起槽嵌藤席，冰盘沿腿足与牙条一木连做，牙条下置素面罗锅枨，以齐头碰榫纳入四足，直角内翻马蹄足，榫卯严谨，样式洗练而纯净，打磨精细，色泽精细，包泽莹润，显得格外古雅。

△ **紫檀小香案　清代**

长72厘米，宽33厘米，高84.5厘米

　　以小叶紫檀为材，规格小巧，为古代富贵人家熏香供佛之专用家具。台面呈长方形，下承四条内方外圆腿，两腿之间各有两条横枨。装饰镂空雕夔纹牙条。品相佳美，包浆古雅。

5 ┃ 防假冒

　　近几年统计表明，市场所卖紫檀家具，尤其是明清紫檀家具，80%以上为假冒产品。所以，买家入手紫檀家具，在慎重的同时还应掌握一些识别家具作伪、作旧的方法，以防止上当受骗。

　　作伪的方法有贴皮子、拼凑改制等，前文有详细的介绍，在此不再赘述。

二
紫檀家具的购买渠道

1 | 从拍卖公司购买

近年来，国内各类型的拍卖公司纷纷成立，如北京保利国际拍卖有限公司、北京翰海拍卖有限公司、北京嘉德国际拍卖有限公司、香港天成国际拍卖有限公司、广州华艺国际拍卖有限公司等，它们多次举办家具专场拍卖会，其中紫檀家具交易市场火爆。

拍卖公司拥有权威的专家顾问团队、专业的从业人员、全球征集拍品的能力以及专业的展览服务，可为紫檀家具收藏投资者拍下自己心仪的藏品提供巨大的便利与保障。

△ **紫檀雕西洋花卉宝座（三件套）**

椅：宽76厘米，深61厘米，高102厘米

几：长55厘米，宽47厘米，高67厘米

此宝座为如意形搭脑，靠背及扶手上雕有西洋风格的花纹，座面下接雕西洋花纹高束腰，而靠背及腿足都使用了西方建筑中的柱式，足间安四面平枨子。

△ 紫檀雕花亮格柜（一对）

长82厘米，宽42厘米，高174厘米

◁ **紫檀拐枨方桌　清中期**
边长77厘米，高79厘米

▷ **紫檀大书箱　清早期**
长44厘米，宽30厘米，高37.5厘米
　　此件紫檀大书箱箱顶抛平，四角包铜。
书箱两侧置锁形铜提手。箱门两开，内置大小
抽屉八具，每面之上皆设有精美铜拉手。箱底
四委角处包铜页，余则光素无纹。

◁ **紫檀雕云龙纹宝座**
长98厘米，宽68厘米，高101厘米

△ **紫檀有束腰雕西番莲条桌　清乾隆**

长161厘米，宽48厘米，高90.5厘米

△ **紫檀龙纹炕桌　清早期**

长85厘米，宽34厘米，高28厘米

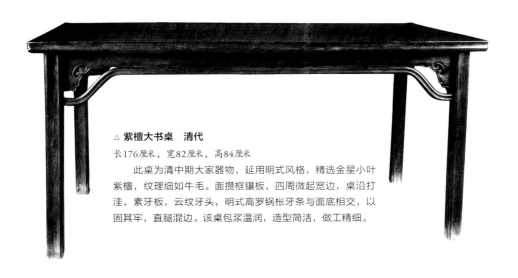

△ **紫檀大书桌　清代**

长176厘米，宽82厘米，高84厘米

　　此桌为清中期大家器物，延用明式风格，精选金星小叶紫檀，纹理细如牛毛。面攒框镶板，四周微起宽边，桌沿打洼，素牙板，云纹牙头，明式高罗锅枨牙条与面底相交，以固其牢，直腿混边。该桌包浆温润，造型简洁，做工精细。

◁ **紫檀南官帽椅　清代**

宽47.7厘米，深57.6厘米，高94.5厘米

△ **紫檀圈椅（一对）　清代**

宽65厘米，深58厘米，高99厘米

　　此圈椅为紫檀木制。椅圈三接，四腿由上至下，贯穿椅面与椅圈相交。靠背板上端浮雕夔龙纹，仅在上方浮雕螭龙纹，扶手鹅脖之间有小角牙。

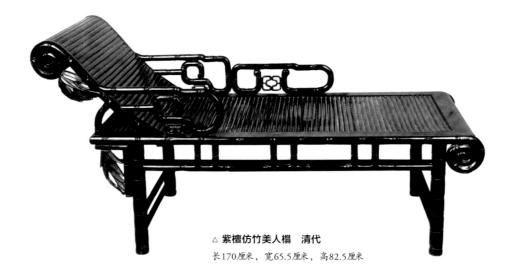

△ **紫檀仿竹美人榻 清代**

长170厘米，宽65.5厘米，高82.5厘米

2 | 从文物商店购买

文物商店是我国文物事业的重要组成部分，为国家培养了大批的专业人才的同时，也为国家收购、保存了大批的珍贵文物，成为国有博物馆文物征集的重要渠道之一。

文物商店具有专业人才汇聚、分布地区广泛、文物品种丰富、物品保真性强、价格相对合理等特点。近年来，不少紫檀家具买家到文物商店淘宝。

△ **紫檀展腿式琴桌 清代**

长91厘米，宽36厘米，高81厘米

◁ **紫檀南官帽椅（一对）**
宽58厘米，深45厘米，高97厘米

△ **紫檀雕西洋花纹八仙桌扶手椅（三件）　清代**

椅：宽87厘米，深87厘米，高81厘米

几：长62厘米，宽48厘米，高120厘米

　　此扶手椅以紫檀木制成，颇具巴洛克风格，下接瓶形靠背，靠背板及两侧扶手均雕西洋花纹，座面下有束腰，上饰蕉叶纹。束腰下的牙条也饰有西式风格的宝珠纹，椅腿三弯，腿上部雕西洋花纹，足部作鹰爪球状落在带圭角的托泥之上。所配紫檀八仙桌与扶手椅雕饰多卷曲柔婉不同，独取方正平直，桌面攒框装板，冰盘沿线脚，面下束腰雕西式卷草花纹，束腰下素牙条，牙条下又接雕西番莲纹牙板，方腿直足内翻马蹄。线脚虽异但纹饰相合，三件一套，相映成趣。

▷ **紫檀四出头官帽椅　清中期**
宽47厘米，深55厘米，高96厘米

　　此紫檀官帽椅搭脑两端出头，靠背板四段攒成，雕工精巧，细腻生动。扶手三弯，曲线优美。鹅脖在椅盘抹头上凿眼后另行安装，不与前腿连做。设联帮棍。椅盘攒框打眼置软屉，边抹混面。座面下安沿边起线的素面刀牙板券口牙子。腿间管脚枨前后低两侧高，与"步步高"枨同为明代常见样式。正面枨下置素牙条。

◁ **紫檀框嵌"室上大吉"云石插屏　清早期**
长61.7厘米，宽28厘米，高93厘米

▷ **紫檀酒桌　清早期**

长102厘米，宽34.5厘米，高82.2厘米

　　此酒桌通体由优质紫檀木制成，面攒框镶板，木纹细密、润泽，有抚玉之感。云头纹牙板，夹头榫结构，直圆腿，腿间装两横枨。此桌造型紧凑而不拘谨，简洁舒朗，俊雅秀丽。

◁ **紫檀佛宝格　清早期**

长60厘米，宽56厘米，高36厘米

　　此佛宝格精选上等紫檀木制作，通体古朴光素，构造灵巧，柜门对开，置铜面页、合页及双鱼吊坠，两侧有铜拉环；内置抽屉十具，皆饰铜页吊坠。整件器物素雅静肃，工艺考究，包浆润泽。

▷ **紫檀起线三足笔筒 清早期**
直径19.4厘米，高18.8厘米

◁ **紫檀笔筒 清早期**
直径16.8厘米，高16.9厘米

△ **紫檀雕花扶手椅、茶几（一套）**

椅：宽52厘米，深43厘米，高68厘米

几：长26厘米，宽18厘米，高58厘米

3 ｜ 从紫檀家具专卖店购买

　　紫檀家具专卖店多选址于城市商业繁华地带，采取定价销售和开架面售的形式，注重品牌名声。服务人员一般专业知识过硬，可以为买家提供咨询建议。另外，专卖店多提供售后服务，为买家解决运输、安装家具等诸多问题。专卖店这些贴心服务，受到越来越多的紫檀买家的肯定。

△ **紫檀嵌螺钿夔纹香几　清代**

长37厘米，宽37厘米，高79厘米

◁ **紫檀嵌百宝狩猎图插屏　清代**

长36厘米，厚10厘米，高33厘米

　　此插屏为清代器物，紫檀料，屏心委角，板心以百宝嵌清宫狩猎图，背部则用黑底黄漆展现渔乐图。两面之景生动形象，一静一动，对比鲜明。

▷ **紫檀掐丝珐琅鹿鹤同春砚屏　清中期**

长23厘米，宽11厘米，高30厘米

◁ 紫檀云石面座屏　清中期

长19厘米，宽9厘米，高23.5厘米

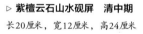

▷ 紫檀云石山水砚屏　清中期

长20厘米，宽12厘米，高24厘米

◁ 紫檀座黄花梨雕拐子龙插屏　清代

长63.5厘米，宽31.5厘米，高105厘米

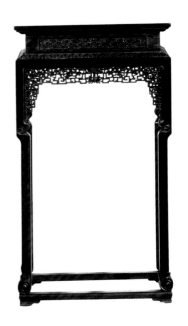

▷ **紫檀方几　清代**

长54厘米，宽40厘米，高95厘米

　　紫檀为材，用材珍贵。几面呈长方形，高束腰。上下两端雕饰饱满的仰覆莲瓣纹。束腰四面开光，浮雕夔龙纹。下承四条灵芝纹三弯腿，有托泥。腿足之间以透雕的夔纹牙雕为枨。整器雕镂精工，纹饰典雅。

△ **大理石地屏（紫檀底座）　清代**

长97厘米，宽25厘米，高168厘米

4 | 从典当行购买

现代典当业作为金融业的有益补充，作为社会的辅助融资渠道，已成为市场经济中不可或缺的融资力量。典当行的典当品种繁多，金银珠宝、古玩字画、汽车、房产、家具等应有尽有，当然不差紫檀家具。如今，这里已成为买家购买、收藏紫檀家具的一种渠道，而且具有收藏价格低的优点。

△ 紫檀嵌玉荷塘鸳鸯插屏　清代

长13厘米，宽5厘米，高19.5厘米

△ 紫檀山水人物挂屏　清代

长192厘米，厚5厘米，高92厘米

◁ 紫檀高束腰三弯腿香几　清代

直径51厘米，高79厘米

　　紫檀为材，圆台面，内凹，如此设计使香炉安放更为稳当。高束腰，彭牙板，下承五条秀丽的三弯腿。近足处有外方内圆的几面枨。雕饰满身，运用镂雕、浮雕等技法，在束腰和牙板上饰云龙纹、勾连云纹、夔纹、莲瓣纹及缠枝莲纹。造型挺秀，纹饰典雅。

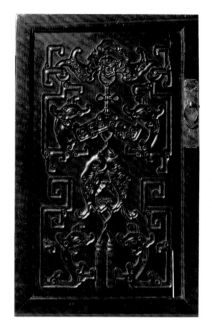

△ **紫檀刻花门扇（四片）　清代**

长48.5厘米，宽30.5厘米，高55厘米

　　此刻花门扇由紫檀木制成。大小两对应为柜子门板，以格角榫攒边打槽，装板为心，板心二拼剔地浅雕蝙蝠，心板，双鱼，螭龙纹饰，寓意"福从天降，吉庆有余"之美好愿望。板沿以长形铜錾螭龙纹面页，铜錾鱼形拉手。整体刻工精致，线条流畅，美观大方。

▷ **紫檀嵌百宝鹤鹿同春座屏　清代**
宽134厘米，高198厘米

◁ **紫檀佛龛　清代**
长37厘米，宽17厘米，高47厘米

　　此佛龛选用优质紫檀料精制而成，工艺精湛。龛顶雕刻梅花纹，龛门雕有两只麒麟，门中间饰铜锁壁，门内透雕双螭龙、蝙蝠等纹饰，寓意"吉祥多福"。后壁有描金通景屏，其上饰"五寿"图案，底座为高束腰，夔龙纹牙板。

△ **紫檀霸王枨书桌　清代**

长170厘米，宽78厘米，高84厘米

此书桌选紫檀精致而成，纹理清晰，包浆莹润。桌面攒框镶独板，棕角榫构造，四腿与霸王枨格肩相交，直腿，内翻马蹄足。

△ **紫檀炕几　清代**

长88厘米，宽48厘米，高33厘米

此炕几以紫檀制成，方正规矩，榫卯连接，简洁大方。几面打槽攒框装板心，牙板镂雕拐子龙及吉庆有余纹。腿间装挡板，浮雕双蝠捧寿纹。下置罗锅枨，龟足。

5 | 从圈子内购买

　　每个行业都有自己的圈子，紫檀家具也是如此。圈内交易自古至今依然存在。圈内交易方式较灵活，比如可以不用现金交易，而是以物换物，交易双方各取所需的同时还能增进感情。

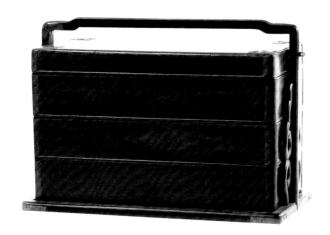

◁ **紫檀乌木系子提盒　清代**

长38厘米，宽20厘米，高18厘米

　　此提盒连盖共四层，提案及底框为紫檀木制成，盒及内层为黄花梨木制作。所有立墙为铜制圆角相接，盖四角嵌铜饰云头纹，工艺考究，新颖美丽。

▷ **紫檀木方凳　清代**

边长56厘米，高53厘米

　　攒边装板三拼面，起冰盘沿线脚，束腰牙条一体而做，大洼起线，罗锅枨，回直腿，足内翻马蹄形，做工精细。边框刻有蝙蝠纹卡小花，虚实处理得当，颇具美感。

晚秋林楸

△ **紫檀嵌云石插屏 清代**

长57厘米，厚22厘米，高73厘米

　　此插屏屏座用两块厚木雕出桥形墩子，上树立柱，以透雕螭纹站牙抵夹。两立柱间安枨子两根，内嵌浅浮雕螭龙捧寿纹条环板，帐下安"八"字形"披水牙子"，减地阳雕卷草纹。屏面以紫檀为材四边攒框，边框内缘起阳线，框内镶嵌云石屏心。屏心云石纹理宛若太古苍穹，变化万千。整器雕工细致，华美大气。此块云石纹理清晰，色彩丰富，宛若黄昏的海滩，与色调沉稳的紫檀在色调上取得很好的互补。

▷ **紫檀素面笔筒　清中期**
口径17厘米，高15厘米

▷ **紫檀阴刻山水纹大笔筒　清中期**
口径18厘米，高18厘米

◁ **紫檀带座画柜　清代**
长113厘米，宽62厘米，高192厘米

◁ 紫檀嵌玉亭台人物座屏　清代

长42厘米，宽19厘米，高57.5厘米

▷ 紫檀镶大理石插屏　清代

长63厘米，厚24厘米，高72厘米

▷ 紫檀有束腰三弯腿带托泥西番莲纹大
扶手椅 清乾隆
宽67厘米，深51厘米，高112厘米

6 | 从网络渠道购买

　　互联网带给人们前所未有的便利，足不出户便可知天下。紫檀家具收藏也
不失时机地利用网络来扩大自己的影响力。网络拍卖已经成为未来发展的一种
趋势。

　　网络拍卖作为电子商务的概念早已提出。经过多年酝酿与探索，如今已展
现出良好的发展趋势。如2000年6月嘉德在线正式开通，在中国首开拍卖企业
举行网络拍卖的先河。

　　网络拍卖与传统的展厅现场拍卖相比，有着先天不足，如拍卖品艺术真伪
无法鉴别、无法全方位展示等。但网络拍卖也有优势，即可以365天不间断进
行，可以面向全世界，突破了时空的限制。

△ 紫檀炕几　清代

长68.5厘米，宽46.8厘米，高27厘米

△ 紫檀雕花大画桌

长176厘米，宽69厘米，高85厘米

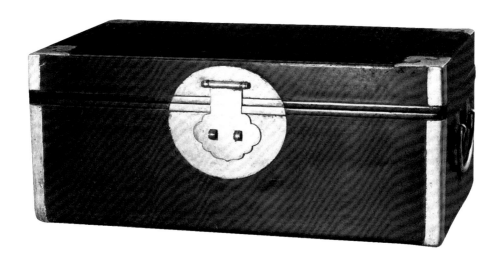

△ **紫檀箱　清代**

长35.5厘米，宽20厘米，高14.8厘米

　　此箱呈长方形，规矩方正，全以珍贵的紫檀木为材制作而成。不事雕饰，而线条处理圆浑挺秀，白铜拷边。

△ **紫檀雕高仕图方盒　清中期**

长19.5厘米，宽10厘米，高8.5厘米

三
小叶紫檀家具该怎样投资

　　小叶紫檀家具是紫檀家具之中的精品，以小叶紫檀制作的家具占有量其实不足三成，故价格居高不下。作为家具投资收藏者，投资小叶紫檀可从下面几点考虑。

1 | 选择明清两代家具

　　明清两代的小叶紫檀家具是投资的第一选择。明清紫檀家具多为皇室宫廷所有，它们不仅具有历史、文物价值，投资升值空间大，而且单从家具制作本身来说，也堪称艺术的典范。

△ **紫檀大书桌　清代**

长176厘米，宽82厘米，高84厘米

　　此桌为清中期大家器物，沿用明式风格，精选金星小叶紫檀，纹理细如牛毛。面攒框镶板，四周微起宽边，桌沿打洼，素牙板，云纹牙头，明式高牙条与面底相交，直腿混边。

2 | 选择实心小叶紫檀家具

紫檀有"十檀九空"之说。实心小叶紫檀家具市场难寻，属于升值潜力股，投资看好。

3 | 选小型家具

一般藏家手中资金并不充裕，在难于吃下大型的小叶紫檀家具时，不妨考虑小型器件。近年来，小型器件价格也连年攀高，值得关注。

4 | 莫"喜旧厌新"

小叶紫檀家具有"老料"和"新料"之分，两者在投资收藏过程中需要注重的因素并不相同，各具优势。故投资考虑时勿陷入喜旧厌新的收藏误区，也不能眉毛胡子一把抓。

5 | 关注小叶紫檀木材

小叶紫檀家具受宠，其木材成为抢手货，随之产生巨大的升值空间。因此投资者投资家具不成，可退而求其次，投资小叶紫檀木材。

△ **紫檀素面书箱　清代**

长20厘米，宽12厘米，高9厘米

第六章

紫檀家具的保养技巧

一
为何要对紫檀进行保养

　　紫檀家具需要保养，是由以下四方面决定的。

　　第一是木性。紫檀属于木材，内含水分，当空气湿度过低时会收缩，过高时会膨胀。如果紫檀家具放置环境不当，无疑会使器具变形、走样。另外，紫檀受过多的阳光照射后，阳光中的紫外线也会损伤木性。

　　第二是增值。紫檀家具市场潜力很大，保养出包浆，家具无损，往往具有更高的升值空间。

　　第三是传世。普通木质家具很少传世，而紫檀家具木质珍贵，具有一定的历史、文物价值，后人可赏析家具而了解家具制作年代的制作工艺、艺术风格等。

　　第四是传家。紫檀家具传家，父传子、子传孙，传家物多寄托着一种亲情，晚辈思念先人，睹物思人。

　　保养紫檀家具应从细节做起，细节决定成败。

二
紫檀家具的基本养护方法

紫檀的神采来自于常用常新，应"时时常拂拭，莫使惹尘埃"才对。紫檀经常被人触摸的地方会光亮异常；而博物馆陈设的多年未使用的紫檀家具，则色泽渐显灰暗。因此，日常基本的保养方法为：取用干净柔软的细布，如丝绸、羊绒类织物，顺着紫檀木质的纹理细细擦拭；过一段时间后，加少许家具蜡或者核桃油，顺着木纹来回轻轻擦拭。

紫檀家具时常用手触摸也是一种保养方法，但手应干净，不要沾油污、酒精等。

三
紫檀家具保养的注意事项

（1）放置紫檀家具的地面要平整，低洼不平的地面易使家具变形。

（2）家具摆放地干湿适宜，忌摆放在过于干燥或者过于潮湿的地方，如靠近暖气、火炉，或潮湿的地下室等。

（3）地面潮湿时，应将家具腿适当垫高，避免家具腿部受潮而腐蚀。

（4）移动或者搬运紫檀家具时，应轻拿轻放，忌生拉硬拽，否则可能会破坏家具的榫卯结构。桌椅类的紫檀家具不可以抬面，应从桌子的两边和椅子面下抬。

（5）紫檀家具的表面忌长时间放置重物，尤其是鱼缸、电视等，否则可致家具变形。

（6）家具表面不适合铺塑料布等一些非透气的材料。

（7）忌将紫檀家具放置于方向朝南的大玻璃窗前面，因为阳光直射会使紫檀家具褪色，或者使木质干裂。

（8）忌将热水杯等物品直接放在紫檀家具的表面，否则会留下很难除掉的痕迹。

（9）勿用潮湿或者粗糙的抹布擦拭紫檀家具，尤其是老的紫檀家具。

（10）忌将尖锐器物直接放置在紫檀家具的表面，以免划伤漆面和木头表面纹理。放置前，不妨在器物下垫一片厚布料。

△ 紫檀高束腰三弯腿大供桌

四
小叶紫檀家具的保养

小叶紫檀木性较好，不怕水泡，而且本身含有一定的油脂，故家具不必特意进行上蜡、上油等保养措施，只需简单清洗擦拭即可。擦拭完毕，自然干燥。

需强调的一点是，小叶紫檀易溶于酒精，因此家具摆放应远离酒精，更不能将酒精类东西置于其上。

五
大叶紫檀家具的保养

大叶紫檀家具如果保养得好，则脉管纹的纹理清晰，会呈现出缎子般的光泽，为居家增辉不少。

如何保养大叶紫檀家具呢？

（1）家具最初使用的两三年间，每逢季节交替之际应打蜡一次。当用过几年后，大叶紫檀油脂渗出，形成包浆后再无须打蜡。

（2）擦拭家具时应使用粗布。有镂空和雕刻工艺的地方用鞋刷擦干净。鞋刷的棕毛越硬，擦拭的效果越好。

（3）大叶紫檀家具既怕潮，也怕干燥。在装有空调的屋子，室内温度必须保持在15～25℃之间。雨季，室内应经常开窗通风。摆放位置忌靠近暖气、火炉。家具表面不宜使用塑料布之类的非透气性材料遮盖。

（4）勿将过凉或者过热的物品或器皿（如热水杯）放置在家具表面，否则会产生"白痕"，影响家具的美观性。

（5）忌将家具放在阳光直射的地方，避免家具表面受阳光中紫外线的伤害而褪色。

（6）禁止家具接触有机溶剂，如丙酮和汽油等。

（7）家具摆动时应小心轻放。

（8）禁止使用利器或者硬物撞击家具。

（9）家具表面有油脂、尘埃时，可以先用扫帚，再用清洁的软棉布将油和尘埃擦拭干净。

△ **紫檀雕福寿纹宝座　明代**

长100厘米，宽65厘米，高103.5厘米

　　此宝座紫檀木制成，面下高束腰，浮雕竖格纹。鼓腿彭牙，如意纹曲边，浮雕缠枝莲纹。内翻马蹄，带托泥。面上五屏式围子，浮雕蝙蝠纹、寿桃及各式花鸟纹。

六
大果紫檀家具的保养

　　大果紫檀是紫檀的一种，主要产地是缅甸、老挝和泰国。其木质特点是：有明显的生长轮；心材颜色呈橘红色、砖红色或者紫红色；有明显的可见性划痕；木屑水浸液呈浅黄褐色，无荧光或者荧光弱；管孔在生长轮内部的个头比较大，肉眼可见；木纤维壁厚，木射线在放大镜下可见；纹理交错；结构细；具有浓郁的香气。

　　用大果紫檀制作而成的家具，保养应注意避免放置在过于潮湿或者过于干燥之处。除此之外，因为紫檀具有高密度的硬木木材，虫蛀现象几乎不会有。然而，紫外线会影响到紫檀木的外观，如果经太阳直射，在色彩方面就会发黄，所以大果紫檀家具也不应该放在方向朝南的大玻璃前面或者放在太阳下进行暴晒，以防止紫外线损伤大果紫檀家具。

七
刺猬紫檀家具的保养

　　刺猬紫檀主产地是非洲，其外皮的颜色呈灰褐色，内皮为紫褐色，分层环绕；木质发脆，小块状脱落，老化后随手可捻碎。其最明显的特征是：木头径切面常见鲜明的鼓钉刺，鼓钉刺呈金字形，从心材穿透边材猛地冒出来，立体感很强。这或许是"刺猬紫檀"一名的由来。

　　用刺猬紫檀制作而成的家具，保养需注意以下几点。

（1）清洁刺猬紫檀家具时，可用微潮的抹布轻轻擦拭，但抹布不可蘸酒精等化学试剂。

（2）宜每隔一个月的时间做一次打蜡或上油的保养措施。打蜡应购买高浓度的固体蜡或喷雾蜡，固体蜡能够有效地填平刺猬紫檀家具上的小缺陷。

切记，固体蜡和喷雾蜡不可一起使用。

△ **紫檀镶云石插屏 清代**

长44.5厘米，宽22.5厘米，高59.4厘米

此紫檀插屏选料上乘，做工考究，包浆温润，屏心选用红褐色云石，浮雕苍松流云，亭台楼阁，古人怡然自乐之景。两侧站牙镂雕卷草纹，挡板及披水牙子皆成镂空卷草纹状，表相映成趣之意。